verbraucherzentrale

Bauen!

Das Praxis-Set

Checklisten und Dokumente zur Baubegleitung und Abnahme

PETER BURK

So funktioniert das Praxis-Set

Das Praxis-Set Bauen! soll Ihnen helfen, Ihre Baustelle strukturiert begleiten zu können.

Baustellen sind entweder unabhängig überwacht und betreut (durch eine unabhängigen, von Ihnen beauftragten Architekten oder Bauleiter) oder es gibt eine Überwachung durch den Bauleiter des Anbieters (Fertighaus, Fertigmassivhaus, Bauträgerhaus). Letzteres ist aber keine unabhängige Überwachung der Baustelle.

Das Praxis-Set Bauen! ist für Bauherren konzipiert, die auf Basis des BGB-Werkvertragsrechts auf eigenem Grundstück ein Haus errichten, z. B. mit einem Fertighaus- oder Massivhausanbieter oder mit einem Architekten. Nicht konzipiert ist das Praxis-Set für Käufer, die Grundstück und Haus zusammen vom Bauträger erwerben. Sie sind rechtlich auch keine Bauherren, sondern Käufer – und für die Baustelle daher auch nicht verantwortlich.

Das Praxis-Set ist ein **Informations-, Dokumentations- und Prüfwerkzeug** für die drei wesentlichen Bereiche beim Bauen: **Recht, Finanzen und Technik** sowie zusätzlich die beiden Themen **Notfall und Sicherheit** sowie **Adressen**. Es enthält dazu für alle Phasen des Bauens Trennblätter, hinter denen alle wichtigen Dokumente, die Sie während des Bauablaufs erhalten werden oder erstellen, jeweils abgelegt werden können, so dass Sie sie immer griffbereit dabei haben. Auf den Trennblättern finden Sie wichtige Hinweise zu den Dokumenten. Ferner finden Sie oben rechts jeweils auch ein oder mehrere Symbole zu einem oder mehreren der drei Bereiche Recht (Paragraphen-Symbol), Finanzen (Euro-Symbol) oder Technik (Hammer-Symbol) sowie Notfall und Sicherheit (Kreuzsymbol) und Adressen (Umschlagsymbol), dem das abzulegende Dokument zuzuordnen ist:

Darunter finden Sie jeweils ein weißes Symbol, für den Unterbereich, um den es sich handelt, also Information (i-Symbol), Dokumentation (Text-Symbol) oder Prüfung (Häkchen-Symbol):

Hinter einigen Trennblättern enthält das Praxis-Set bereits Musterbögen und Checklisten, die als Kopiervorlagen schon eingeheftet sind.

Die Trennblätter sind chronologisch nach dem üblichen Ablauf einer Baustelle geordnet und nummeriert.

Das Praxis-Set kann eine unabhängige Baustellenüberwachung durch einen Fachmann nicht ersetzen. Daher ist die Einschaltung eines solchen sinnvoll und wichtig. Wie und wo Sie solche Fachleute finden, erfahren Sie im Ratgeber „Bauen!" der Verbraucherzentrale.

Ordnerschild zum Ausschneiden

verbraucherzentrale

Bauen!

Das Praxis-Set

Checklisten und Dokumente zur
Baubegleitung und Abnahme

Inhalt

I. Planung

1 Adressen aller Ansprechpartner
2 Planer- und Beraterverträge (Geologe, Vermesser, Architekt, Statiker, Haustechnikingenieur, Energieberater, SIGEKO, Bauleiter)
3 Schriftwechsel Planer und Berater
4 Versicherungsverträge (Bauherrenhaftpflicht, Feuerrohbau, Bauleistungsversicherung, Bauberufsgenossenschaft, Unfallversicherung)
5 Bodengutachten
6 Bauantrag und Baugenehmigung
7 Schriftwechsel Behörden
8 Auszug Grundbuch und Baulastenverzeichnis
9 Schriftwechsel Nachbarn

II. Bauvorbereitung

10 Anträge und Verträge Baustrom und Bauwasser
11 Schriftwechsel Versorgungsträger
12 Handwerkerverträge bzw. Generalunternehmervertrag
13 Leistungsverzeichnisse bzw. Baubeschreibung
14 Ausführungspläne bzw. Werkpläne
15 Schriftwechsel Handwerker bzw. Generalunternehmer
16 Schriftwechsel Rechtsvertreter (ggf. Gericht)

III. Baudurchführung

17 Notfallblatt
18 Baustellenordnung und SIGEKO-Plan
19 Bautagebuch
20 Aktenvermerke
21 Jour-Fixe-Protokolle
22 Gewerke-Checklisten
23 Abschlagrechnungen Planer und Berater
24 Abschlagrechnungen Generalunternehmer bzw. Handwerker
25 Stundenlohnzettel
26 Lieferscheine

IV. Abnahmen und Schlussrechnungen

27 Abnahme Handwerker bzw. Generalunternehmer
28 Schlussrechnungen Planer und Berater
29 Schlussrechnungen Handwerker bzw. Generalunternehmer
30 Garantieerklärungen und Wartungsverträge
31 Gebäudeenergieausweis
32 Gebrauchsanweisungen

Anhang

33 Altes BGB-Werkvertragsrecht

Impressum

I. Planung

1 Adressen aller Ansprechpartner

Die vollständigen Adressen aller Ansprechpartner der Baustelle sollte man immer dabei haben, denn man benötigt sie eigentlich unentwegt und meist dann, wenn man sie gerade nicht zur Hand hat.

Nachfolgend finden Sie fünf Kopiervorlagen, in denen die wichtigsten Adressen abgefragt werden.

Vieles hat man vielleicht im Handy gespeichert, aber auch das kann mal woanders liegen und auch dessen Akku kann mal entladen sein.

Adressliste Bauvorhaben

Bauvorhaben

Name	Vorname	Firma/Funktion
Straße	PLZ	Ort
Telefon Festnetz	Telefon Mobil	E-Mail

Name	Vorname	Firma/Funktion
Straße	PLZ	Ort
Telefon Festnetz	Telefon Mobil	E-Mail

Name	Vorname	Firma/Funktion
Straße	PLZ	Ort
Telefon Festnetz	Telefon Mobil	E-Mail

Name	Vorname	Firma/Funktion
Straße	PLZ	Ort
Telefon Festnetz	Telefon Mobil	E-Mail

Adressliste Bauvorhaben

Bauvorhaben

Name	Vorname	Firma/Funktion
Straße	PLZ	Ort
Telefon Festnetz	Telefon Mobil	E-Mail

Name	Vorname	Firma/Funktion
Straße	PLZ	Ort
Telefon Festnetz	Telefon Mobil	E-Mail

Name	Vorname	Firma/Funktion
Straße	PLZ	Ort
Telefon Festnetz	Telefon Mobil	E-Mail

Name	Vorname	Firma/Funktion
Straße	PLZ	Ort
Telefon Festnetz	Telefon Mobil	E-Mail

Adressliste Bauvorhaben

Bauvorhaben

Name	Vorname	Firma/Funktion
Straße	PLZ	Ort
Telefon Festnetz	Telefon Mobil	E-Mail

Name	Vorname	Firma/Funktion
Straße	PLZ	Ort
Telefon Festnetz	Telefon Mobil	E-Mail

Name	Vorname	Firma/Funktion
Straße	PLZ	Ort
Telefon Festnetz	Telefon Mobil	E-Mail

Name	Vorname	Firma/Funktion
Straße	PLZ	Ort
Telefon Festnetz	Telefon Mobil	E-Mail

Adressliste Bauvorhaben

Bauvorhaben

Name | Vorname | Firma/Funktion
Straße | PLZ | Ort
Telefon Festnetz | Telefon Mobil | E-Mail

Name | Vorname | Firma/Funktion
Straße | PLZ | Ort
Telefon Festnetz | Telefon Mobil | E-Mail

Name | Vorname | Firma/Funktion
Straße | PLZ | Ort
Telefon Festnetz | Telefon Mobil | E-Mail

Name | Vorname | Firma/Funktion
Straße | PLZ | Ort
Telefon Festnetz | Telefon Mobil | E-Mail

Adressliste Bauvorhaben

Bauvorhaben

Name	Vorname	Firma/Funktion
Straße	PLZ	Ort
Telefon Festnetz	Telefon Mobil	E-Mail

Name	Vorname	Firma/Funktion
Straße	PLZ	Ort
Telefon Festnetz	Telefon Mobil	E-Mail

Name	Vorname	Firma/Funktion
Straße	PLZ	Ort
Telefon Festnetz	Telefon Mobil	E-Mail

Name	Vorname	Firma/Funktion
Straße	PLZ	Ort
Telefon Festnetz	Telefon Mobil	E-Mail

2 Planer- und Beraterverträge

Bevor es mit dem Bauen losgehen kann, gibt es meist einen langen Planungsvorlauf, in den zahlreiche Berater eingeschaltet sind. Folgende Planer und Berater sind üblicherweise auf einer Baustelle tätig:

- → Geologe
- → Vermesser
- → Architekt
- → Statiker
- → Energieberater
- → Haustechnikingenieur
- → Sicherheits- und Gesundheitsschutzkoordinator (SIGEKO)
- → Bauleiter

Wobei der Architekt häufig auch Bauleiter und SIGEKO ist und der Energieberater oft auch Haustechniker. Kaufen Sie ein Haus schlüsselfertig sind diese Leistungen oft im Kaufpreis enthalten und Sie müssen keine individuellen Verträge mit Planern und Beratern schließen. Dann kann es allerdings sein, dass Sie einen externen Baubetreuer einschalten wollen, der unabhängig die Ausführungsqualität auf Ihrer Baustelle überwacht.

Es ist sinnvoll die Verträge mit den Beratern immer griffbereit dabei zu haben, da manchmal Fragen zum Umfang der vereinbarten Leistung auftauchen. Man kann dann direkt nachsehen.

Wenn Sie die Originalverträge nicht mit auf die Baustelle nehmen wollen, heften Sie einfach Kopien in den Ordner.

Alle Hintergründe zu den rechtlichen Grundlagen der Verträge nach dem sogenannten Werkvertragsrecht des BGB und den einzelnen Beratern und ihren Aufgaben erfahren Sie im Buch „Bauen!" der Verbraucherzentrale.

3 Schriftwechsel Planer und Berater

Der erste Schriftwechsel, der entsteht, ist meist der mit Beratern. Heute läuft zwar vieles über E-Mail, aber irgendwann ist üblicherweise auf jeder Baustelle auch physischer Schriftwechsel erforderlich, der Original-Unterschriften enthält.

Diesen Schriftwechsel mit Planern und Beratern können Sie hinter diesem Trennblatt ablegen, so dass Sie ihn auf der Baustelle immer dabei haben. Bei möglicherweise sehr brisanten Dokumenten können Sie auch überlegen, Kopien anzufertigen und nur diese mit auf die Baustelle zu nehmen.

Folgende Planer und Berater sind üblicherweise auf einer Baustelle tätig:

- → Geologe
- → Vermesser
- → Architekt
- → Statiker
- → Energieberater
- → Haustechnikingenieur
- → Sicherheits- und Gesundheitsschutzkoordinator (SIGEKO)
- → Bauleiter

Wobei der Architekt häufig auch Bauleiter und SIGEKO ist und der Energieberater oft auch Haustechniker. Kaufen Sie ein Haus schlüsselfertig, sind diese Leistungen oft im Kaufpreis enthalten und Sie müssen keinen individuellen Schriftverkehr führen, da Ihr Vertragspartner dann nur der Anbieter des schlüsselfertigen Hauses ist. Es kann dann aber sein, dass Sie Schriftwechsel mit einem externen, von Ihnen eingeschalteten Baubetreuer führen, der die Bauausführungsqualität für Sie unabhängig überwacht.

4 Versicherungsverträge

Auch wichtige Versicherungen müssen vor dem Beginn einer Baumaßnahme abgeschlossen sein. Mit dem Abschluss einer Versicherung erhält man den Versicherungsvertrag und üblicherweise auch den sogenannten Versicherungsschein. Beides kann hier abgelegt werden. Und zwar für folgende Versicherungen:

- → Bauherrenhaftpflicht
- → Feuerrohbau
- → Bauleistungsversicherung
- → Bauberufsgenossenschaftliche Absicherung (bei Einschaltung privater Bauhelfer)
- → Unfallversicherung (bei persönlichen Eigenleistungen)

Die Hintergründe zu den einzelnen Versicherungen entnehmen Sie bitte dem Buch „Bauen!" der Verbraucherzentrale.

Falls Sie die Originale nicht mit auf die Baustelle nehmen wollen, heften Sie einfach Kopien ein.

5 Bodengutachten

Ohne die Beschaffenheit des Baugrundes zu kennen, auf dem Sie bauen wollen, können Sie weder vernünftig planen noch vernünftig bauen. Ein Bodengutachten ist daher eigentlich immer unerlässlich. Bodengutachten werden von Geologen erstellt. Mindestens die nachfolgenden Parameter sind dabei wichtig:

→ Bodenklasse
→ Bodenpressung
→ Grundwasserstand

Neuerdings werden auch sogenannte Homogenbereiche bestimmt. Sie können sich parallel aber in jedem Fall immer auch die oben genannten Parameter im Bodengutachten mit angeben lassen.

Es ist ein großer Unterschied, ob Sie auf Sand oder Fels bauen, auf belastbarem oder weniger belastbarem Grund und mit oder ohne Grundwasserprobleme.

Es ist sinnvoll das Bodengutachten – zumindest während Gründung und Kellerbau – auf der Baustelle dabei zu haben, um möglicherweise aufkommende Fragen klären zu können.

Alle Hintergründe zum Bodengutachten und wie Sie Geologen in Ihrer Nähe finden, erfahren Sie im Buch „Bauen!“ der Verbraucherzentrale.

6 Bauantrag und Baugenehmigung

Ohne Baugenehmigung geht in Deutschland gar nichts. Die Genehmigung wird beim zuständigen Baurechtsamt (bei kreisfreien Städten oder über die Landratsämter bei nicht kreisfreien Städten) durch einen Bauantrag ersucht. Zum Bauantrag gehören üblicherweise folgende Dokumente:

- → Bauantragsformular (heute oft online erhältlich bei der zuständigen Gemeinde)
- → Baubeschreibungsformular (oft im Bauantragsformular enthalten)
- → Statistischer Erhebungsbogen (oft ebenfalls bereits im Bauantragsformular enthalten)
- → Wenn der Bauherr nicht selber einreicht, sondern sein Architekt, Fertig- oder Massivhausanbieter: Vollmacht des Bauherrn für den planenden Architekten/Fertighausanbieter/Massivhausanbieter zur Bauantragstellung in seinem Namen
- → Bauvorlageberechtigung des Entwurfsverfassers (wird üblicherweise im Baugenehmigungsformular direkt abgefragt)
- → Entwässerungsgesuch
- → technische Angaben zur Feuerungsanlage
- → Mitunter Angabe der Fußbodenhöhe im höchsten Aufenthaltsraum (also dem höchsten Wohnraum, der die für Wohnräume nach Landesbauordnung geltende Raumhöhe, Belichtung etc. einhält)
- → Berechnung des umbauten Raumes
- → Berechnung der Wohnfläche
- → Statische Berechnung
- → Bauzeichnungen
- → Lageplan mit Abstandsflächen
- → Eventuell Antrag für Baumfällungen entsprechend örtlichen Vorschriften

Wenn Sie ein Bestandsgebäude abreißen wollen, dessen Abbruch genehmigungspflichtig ist, sind außerdem einzureichen:

- → Antragsformular (meist online erhältlich bei der zuständigen Gemeinde)
- → Auszug aus dem Liegenschaftskataster (erhältlich beim Katasteramt)
- → Fotos des bestehenden Gebäudes (Außenansichten aller Fassaden)
- → Abrissplan mit gelb markierten Bauteilen, die abgerissen werden sollen

Die benannten Dokumente werden Sie auch auf der Baustelle immer mal wieder benötigen. Daher ist es sinnvoll, sie hier im Ordner abzulegen und dazu auch die erteilte Baugenehmigung, den sogenannten roten bzw. mittlerweile auch grünen Punkt. Das ist ein DIN-A-4-Blatt mit dem Aufdruck eines entsprechenden Punktes, den Sie auch auf der Baustelle gut sichtbar aufhängen müssen.

Die Vollständigkeit der Bauantragspläne können Sie mit der nachfolgenden Checkliste überprüfen.

Bauantragspläne

✔ **Grundrisspläne**

- [ ] Angaben zu Verfasser/Planer, Bauherr, Lage und Ort, Maßstab, Änderungsvermerke mit Datum und Namenszeichen sowie laufender Plannummerierung und klarer Planangabe (zum Beispiel Grundriss EG) im Plankopf
- [ ] Nordpfeil deutlich und klar
- [ ] Im Erdgeschossgrundriss die Erschließung (Außentreppen, Terrassen, Gartenwege, Zufahrten, Grundstücksgrenzen usw.)
- [ ] Alle Geländehöhen
- [ ] Gesamtmaße über die volle Hausbreite und -tiefe
- [ ] Sämtliche Teilmaße (zum Beispiel von Hauskante zu Fenster, von Fenster zu Fenster)
- [ ] Alle Öffnungsmaße in Höhe und Breite des Rohbaumaßes (Türen, Fenster usw.)
- [ ] Alle Brüstungshöhen
- [ ] Alle Wandstärken mit Materialsymbolik
- [ ] Maße von Vor- und Rücksprüngen in Wänden (Wandnischen, Erker usw.)
- [ ] Soweit vorhanden, alle Dehnungsfugen und Achsmaße (Achsen sind Orientierungslinien in Zeichnungen, die beispielsweise in allen Grundrissen gleich dargestellt sind und auf der Baustelle die Orientierung erleichtern)
- [ ] Öffnungsviertelkreise mit Öffnungsrichtung sämtlicher Türen beziehungsweise Fenstertüren
- [ ] Treppenlauf mit ordnungsgemäßer Grundrisskonstruktion der Treppe bei Wendelungen sowie Steigungsangaben, Stufenzahl und Gehlinie
- [ ] In gestrichelter Linie alle auskragenden Bauteile oberer oder unterer Geschosse (Balkone, Dach usw.)
- [ ] Lage von Rollläden und Gurtbändern
- [ ] Alle Raumgrößen in Quadratmetern mit Bezeichnung und Angabe der Berechnungsgrundlage (zum Beispiel Wohnflächenverordnung, Zweite Berechnungsverordnung, DIN 277)
- [ ] Oberkante Rohfußboden und Oberkante Fertigfußboden pro Geschoss
- [ ] Lage und Art von Bodeneinläufen (Abflussmöglichkeit in Bädern oder Waschküchen)
- [ ] Wo nötig, Verlegepläne für Boden- und Wandfliesen
- [ ] In den Bädern: Lage, Form und Art sämtlicher sanitärer Einrichtungsgegenstände
- [ ] In Dachgeschossgrundrissen: Kniestocklinie (Stoßlinie von aufgehender Wand und Dachschräge), Dachspitzbodenlinie (Stoßlinie von aufgehender Dachschräge mit Zimmerdecke Dachgeschoss), Dachgaubenlinien, Lage und Anordnung von Bodeneinschubtreppen
- [ ] Lage und Durchmesser der Kaminzüge und/oder Lüftungskanäle inklusive Reinigungs- beziehungsweise Austrittsöffnungen
- [ ] Lage von Kellerlichtschächten
- [ ] Fundamentlage
- [ ] Bei Heiztechnikräumen: Stellung, Lage, Installation und Anschlüsse der Heizzentrale sowie eventuell benötigter Tanklager- beziehungsweise Gaszuführungen
- [ ] Angaben über Be- und Entlüftung im Heizraum
- [ ] Ausstattung des Hausanschlussraums
- [ ] Eventuell Revisionsschacht (vertikaler Schacht durch mehrere Geschosse, in dem Leitungen verlegt werden, mit Öffnungen in jedem Geschoss)
- [ ] Bezeichnung und Lage von Schnittlinien, die aussagen, wo der Vertikalschnitt des Schnittplans durchs Haus gelegt wurde (zum Beispiel Schnitt A-A)

Bauantragspläne (Fortsetzung)

✔ **Schnittpläne**

- [ ] Angaben zu Verfasser/Planer, Bauherr, Lage und Ort, Maßstab, Änderungsvermerken mit Datum und Namenszeichen sowie laufender Plannummerierung und klarer Planangabe (z. B. Schnitt A-A) im Plankopf
- [ ] Höhenlage des Gebäudes über Meereshöhe bezogen auf die Oberkante des Fertigfußbodens des Erdgeschosses
- [ ] Bezeichnung der Geschosse
- [ ] Alle Höhenmaße über die komplette Haushöhe
- [ ] Alle lichten Rohbau- und Fertigbaumaße
- [ ] Durchgangshöhen von Türen, Fenstertüren oder Treppenunterläufen
- [ ] Alle Deckenstärken mit Maßangaben des gesamten Bodenaufbaus (Rohdecke,Trittschalldämmung, Estrich, Bodenbelag usw.)
- [ ] Bei Außenwänden im Fensterbereich Brüstungshöhen (Wandanteil unterhalb des Fensters) und Sturzhöhen (Wandanteil oberhalb des Fensters) inklusive ihrer Konstruktion
- [ ] Stärken, Aufbau und Konstruktion von Wänden
- [ ] Lage und Ausbildung von Ringankern (Betonstreifen oberhalb von Mauerwerk unter anderem zur Verteilung von Lasten oberhalb von Wänden)
- [ ] Lage, Anordnung, Konstruktion und Höhenverlauf von Treppen, inklusive sämtlicher Zwischenpodeste mit Art und Ausformung aller Anschlusspunkte der Treppen an bestehende Bauteile, wie eventuell Wände oder Geschosszwischendecken
- [ ] Lichtschächte, Außentreppen, Terrassen, Balkone usw.
- [ ] Verankerungen, Verlauf und Maße der Dachbinder sowie des Dachtragwerks
- [ ] Aufbau, Montagepunkte und Ausbildung des gesamten Dachaufbaus inklusive Lattenlage und Ziegeleindeckung sowie Traufanschlusspunkt mit Ausladung und Ausbildung des Sparrenfußes, Montage der Dachrinne sowie Firstanschluss mit Firstlinie
- [ ] Konstruktive Ausformung von Gauben oder Dachausstiegen inklusive sämtlicher Anschlusspunkte an die Dachhaut
- [ ] Höhenlage und Anschlüsse der Hauszuleitungen für Gas, Wasser, Strom usw., Lage und Verlauf der Grundleitung
- [ ] Fundamentschnitte mit eindeutiger Darstellung und Bezeichnung der Materialien und Konstruktionsweisen der Fundamentierungen, der aufgehenden Kellerwände, der vorgesehenen Abdichtung der Kellerwände gegen Feuchtigkeit von außen (Sperrschichtenaufbau), der Lage und Stärke des Drainagerohrs (Kunststoffrohr im Erdreich, das Sickerwasser ableitet), der Kiesverfüllung sowie des maximal gemessenen Grundwasserstands

Bauantragspläne (Fortsetzung)

✔ **Ansichtspläne**

- ☐ Angaben zu Verfasser/Planer, Bauherr, Lage und Ort, Maßstab, Änderungsvermerken mit Datum und Namenszeichen sowie laufender Plannummerierung und klarer Planangabe (zum Beispiel Ansicht Südwest) im Plankopf
- ☐ Gestrichelt die Höhenlinien der Ober- und Unterkanten der einzelnen Geschossdecken
- ☐ Lage und Anordnung von Fenstern und Türen inklusive eingestrichelter Öffnungssystematik
- ☐ Lage und Anordnung von Rollläden, Jalousien, Markisen usw.
- ☐ Lage und Anordnung von Außentreppen und Terrassen
- ☐ Lage und Anordnung von Regenfallrohren
- ☐ Trauf-, Kehl-, Grat- und Firstlinien
- ☐ Kniestocklinie gestrichelt
- ☐ Schornsteine, Gauben, Dachausstiege
- ☐ Gesimse, Balkone, Geländer
- ☐ Sockelverlauf
- ☐ Besondere Fassadenbekleidungen wie zum Beispiel Verputzungen, Verklinkerungen oder Holzverkleidungen
- ☐ Gründungstiefe der Fundamente gestrichelt
- ☐ Erdreichverlauf und Geländehöhen
- ☐ Höhenlinie des Straßenverlaufs der Erschließungsstraße

7 Schriftwechsel Behörden

Auch mit Behörden, z. B. der örtlichen Gemeinde oder dem Baurechtsamt beim Landkreis oder der kreisfreien Stadt, fängt früh ein Schriftwechsel an. Zwar lässt sich mittlerweile auch hier einiges über E-Mails regeln, aber bei weitem noch nicht alles, weil für viele Vorgänge klassischer Schriftverkehr mit Unterschrift notwendig ist.

Alle diesbezüglichen Dokumente können hinter dieses Trennblatt.

8 Auszug Grundbuch und Baulastenverzeichnis

Kopien eines Grundbuchauszugs und Kopien möglicherweise eingetragener Baulasten gehören auch in Ihren Ordner. Auf der Baustelle können Sie mit der Kopie eines Grundbuchauszugs jederzeit gegenüber jedermann das Eigentum am Grundstück nachweisen und mit einer Kopie aus dem Baulastenverzeichnis und einer dort ggf. eingetragenen Baulast können Sie jederzeit gegenüber den Nachbarn nachweisen, dass Sie eine bestimmte Grenzbebauung umsetzen dürfen.

Alle Hintergründe zu den beiden Dokumenten und wo Sie sie erhalten, erfahren Sie im Buch „Bauen!" der Verbraucherzentrale.

9 Schriftwechsel Nachbarn

Schriftwechsel mit Nachbarn entsteht im Rahmen eines Bauvorhabens eigentlich nur dann, wenn man eine Nachbarzustimmung benötigt oder wenn es Ärger gibt.

Müssen Unterschriften bei den Nachbarn eingeholt werden, z. B. wenn es um Baulasten oder temporäre Nutzungs- oder Überfahrtrechte geht, können diese Dokumente nach dem Trennblatt abgelegt werden.

Kommt es zu Ärger, ist es meist so, dass Nachbarn sich zunächst noch direkt austauschen und Anwälte noch nicht eingeschaltet sind – und im besten Falle auch gar nicht nötig werden.

II. Bauvorbereitung

10 Anträge und Verträge Baustrom und Bauwasser

Für den Anschluss von Baustrom und Bauwasser ist der Bauherr meist selbst zuständig. Häufig auch für das Stellen eines Chemie-WCs und eines Bauzauns. Nur beim ganz klassischen, gewerkeweisen Bauen übernimmt diese Leistungen manchmal der Rohbauer mit und hält sie später solange vor, bis die Baustelle abgeschlossen ist.

Ansonsten müssen Sie sich um Anträge, Genehmigung und Verträge für Bauwasser und Baustrom kümmern. Beim Baustrom handelt es sich üblicherweise sowohl um einen 220-Volt-Wechselstromanschluss, als auch um einen 380-Volt-Drehstromanschluss. Beim Bauwasser wird vor allem für Estrich- und Putzarbeiten ein erhebliches Volumen und auch ein gewisser Wasserdruck benötigt. Ein kleiner Wasserschlauch mit geringem Druck aus irgendeinem Wasserhahn reicht da schnell nicht aus.

Die zuständigen Ansprechpartner des örtlichen Versorgungsunternehmens sollten Sie auch in der Adressliste eintragen, damit Sie sofort Zugriff haben, falls Baustrom und/oder Bauwasser aus irgendwelchen Gründen ausfallen sollten. Denn das kann eine ganze Baustelle sofort stilllegen.

11 Schriftwechsel Versorgungsträger

Ähnlich wie bei den Behörden ist auch bei der Zusammenarbeit mit den Versorgungsträgern meist Schriftwechsel notwendig. Das gilt z. B. für die Anträge von Strom-, Wasser- oder Telefonanschlüssen.

Es ist sinnvoll, auch diese Unterlagen auf der Baustelle immer mit dabei zu haben, falls an diesen Schnittstellen Fragen auftauchen, z. B. zu Terminen, zu notwendigen Absperrungen oder Vorarbeiten und der Koordination mit anderen Gewerken etc.

Den Schriftwechsel mit den Versorgungsträgern können Sie hinter diesem Trennblatt ablegen.

12 Handwerkerverträge bzw. Generalunternehmervertrag

Beim Bauen hat man üblicherweise entweder einzelne Verträge mit einzelnen Handwerkern, das ist etwa beim klassischen Bauen mit dem Architekten der Fall, oder man hat einen Vertrag mit einem Generalunternehmer, der Haus schlüsselfertig anbietet.

Es ist sinnvoll, alle Verträge immer griffbereit im Ordner zu haben, um immer direkt nachsehen zu können, wenn Fragen auftauchen. Wenn Ihnen das Risiko zu groß ist, Originalverträge mit auf die Baustelle zu nehmen, weil Sie möglicherweise den Ordner aus Versehen liegen lassen könnten, etc., bietet es sich an, im Ordner nur Kopien der Verträge abzulegen und die Originalverträge immer an einem Ort zu belassen.

Bei den Bauverträgen handelt es sich üblicherweise entweder um Verträge nach dem sogenannten Werkvertragsrecht des BGB oder nach dem Werkvertragsrecht der VOB/B. Die Verbraucherzentrale empfiehlt den Abschluss von Werkverträgen nach dem BGB. Die Hintergründe zu beiden Vertragsformen und alle Informationen zum neuen Verbraucherbauvertragsrecht des BGB, das seit dem 01.01.2018 gilt, erfahren Sie im Buch „Bauen!“ der Verbraucherzentrale. Eine der wichtigsten Neuregelungen ist das 14-tägige Widerrufsrecht von BGB-Verbraucherbauverträgen, das heißt, trotz einer Unterschrift haben Sie also nochmals 14 Tage Bedenkzeit. Dieses Recht muss Ihnen ausdrücklich mitgeteilt werden, sonst kann Ihr Widerrufsrecht unbefristet gelten. Der Widerruf muss bestimmte Vorgaben zwingend enthalten, das Muster des BGB enthält folgende Formulierung, Zitat:

„Widerrufsbelehrung:

Widerrufsrecht
Sie haben das Recht, binnen 14 Tagen ohne Angabe von Gründen diesen Vertrag zu widerrufen. Die Widerrufsfrist beträgt 14 Tage ab dem Tag des Vertragsabschlusses. Sie beginnt nicht zu laufen, bevor Sie diese Belehrung in Textform erhalten haben.
Um Ihr Widerrufsrecht auszuüben, müssen Sie uns (*) mittels einer eindeutigen Erklärung (z. B. Brief, Telefax oder E-Mail) über Ihren Entschluss, diesen Vertrag zu widerrufen, informieren. Zur Wahrung der Widerrufsfrist reicht es aus, dass Sie die Erklärung über die Ausübung des Widerrufsrechts vor Ablauf der Widerrufsfrist absenden.

Folgen des Widerrufs
Wenn Sie diesen Vertrag widerrufen, haben wir Ihnen alle Zahlungen, die wir von Ihnen erhalten haben, unverzüglich zurückzuzahlen. Sie müssen uns im Falle des Widerrufs alle Leistungen zurückgeben, die Sie bis zum Widerruf von uns erhalten haben. Ist die Rückgewähr einer Leistung ihrer Natur nach ausgeschlossen, lassen sich etwa verwendete Baumaterialien nicht ohne Zerstörung entfernen, müssen Sie Wertersatz dafür bezahlen.“

13 Leistungsverzeichnisse bzw. Baubeschreibung

Die Leistungsverzeichnisse (LVs) bei Einzelhandwerkern oder die Baubeschreibung bei schlüsselfertigen Bauten sind – neben den Plänen – der wichtigste Vertragsbestandteil. Denn dort ist festgelegt, welche Baukonstruktionen, Bauelemente und Baumaterialien verwendet werden. Auf einer Baustelle muss man ständig in die Unterlagen schauen, um nachzusehen, ob verbaute Materialien auch die vereinbarten Materialien sind. Daher ist es sinnvoll, die Leistungsverzeichnisse oder die Baubeschreibung immer dabei zu haben. Auch hier kann man überlegen, einfach eine Kopie in den Ordner zu nehmen, so dass man dann in den Leistungsverzeichnissen oder in der Baubeschreibung z. B. auch Vermerke machen kann.

Das neue Verbraucherbauvertragsrecht fordert für Baubeschreibungen gemäß § 650i BGB in Verbindung mit Artikel 249 § 2 Einführungsgesetz zum BGB mindestens folgende Angaben in Baubeschreibungen, Zitat:

„1. *allgemeine Beschreibung des herzustellenden Gebäudes oder der vorzunehmenden Umbauten, gegebenenfalls Haustyp und Bauweise,*
2. *Art und Umfang der angebotenen Leistungen, gegebenenfalls der Planung und der Bauleitung, der Arbeiten am Grundstück und der Baustelleneinrichtung sowie der Ausbaustufe,*
3. *Gebäudedaten, Pläne mit Raum- und Flächenangaben sowie Ansichten, Grundrisse und Schnitte,*
4. *gegebenenfalls Angaben zum Energie-, zum Brandschutz- und zum Schallschutzstandard sowie zur Bauphysik,*
5. *Angaben zur Beschreibung der Baukonstruktionen aller wesentlichen Gewerke,*
6. *gegebenenfalls Beschreibung des Innenausbaus,*
7. *gegebenenfalls Beschreibung der gebäudetechnischen Anlagen,*
8. *Angaben zu Qualitätsmerkmalen, denen das Gebäude oder der Umbau genügen muss,*
9. *gegebenenfalls Beschreibung der Sanitärobjekte, der Armaturen, der Elektroanlage, der Installationen, der Informationstechnologie und der Außenanlagen.“*

Wichtig in Ergänzung dazu ist auch die neue Regelung aus § 650j Absatz 2 BGB, Zitat:

„Soweit die Baubeschreibung unvollständig oder unklar ist, ist der Vertrag unter Berücksichtigung sämtlicher vertragsbegleitender Umstände, insbesondere des Komfort- und Qualitätsstandards nach der übrigen Leistungsbeschreibung, auszulegen. Zweifel bei der Auslegung des Vertrags bezüglich der vom Unternehmer geschuldeten Leistung gehen zu dessen Lasten.“

Nachfolgend finden Sie auch eine Checkliste zur ersten Überprüfung der Vollständigkeit.

Erster Check Baubeschreibung

✔ **Baustelleneinrichtung**

- [ ] Welche Sicherungsmaßnahmen wie Aufstellen von Zäunen, Absperrungen, Installation von Beleuchtung usw. müssen getroffen werden?
- [ ] Müssen Maßnahmen getroffen werden, damit das Grundstück für den Baustellenverkehr erreichbar ist?
- [ ] Wo kann ein WC aufgestellt werden?
- [ ] Sind zusätzlich Tagesunterkünfte während des Rohbaus nötig?
- [ ] Wo kann Baustrom während der Bauzeit bezogen werden?
- [ ] Wo kann Bauwasser während der Bauzeit bezogen werden?
- [ ] Sind Baumschutzmaßnahmen auf dem Grundstück erforderlich?

Erdarbeiten

- [ ] Sind Sicherungsmaßnahmen an benachbarten Bäumen und Gebäuden nötig?
- [ ] Kann der Oberboden auf dem Grundstück gelagert werden?
- [ ] Ist das Aushubmaterial für eine spätere Wiederverfüllung geeignet, und kann es auf dem Grundstück zwischengelagert werden? Oder muss es abgefahren und deponiert werden?
- [ ] Ist für die Verfüllung der Baugrube die Anfuhr geeigneten Materials nötig?
- [ ] Müssen Bodenbelastungen besonders entsorgt werden?

Gründung und Bodenplatte

- [ ] Erfolgt die Gründung als Plattengründung oder mittels Fundamenten?
- [ ] Wie ist der Schichtenaufbau unter der Bodenplatte?
- [ ] Liegt die Wärmedämmung beheizter Kellerräume oberhalb oder unterhalb des Kellerbodens?

Kellerwände und Abdichtung gegen nicht drückendes Wasser

- [ ] Aus welchem Material sind die Kellerwände?
- [ ] Wo liegt die Wärmedämmung beheizter Kellerräume?
- [ ] Auf welche Weise erfolgt die Abdichtung gegen Feuchtigkeit?
- [ ] Aus welchem Material sind die Kellerinnenwände?

Drainage

- [ ] Wie wird die Drainage ausgeführt?

Kellerfenster und Lichtschächte

- [ ] Aus welchem Material sind Kellerfenster unbeheizter Räume (Rahmen, Verglasung)?
- [ ] Aus welchem Material sind Kellerfenster beheizter Räume (Rahmen, Verglasung)?
- [ ] Aus welchem Material sind die Lichtschächte?

Außenwände allgemein

- [ ] In welcher Weise werden die Außenwände ausgeführt?
- [ ] Welche Materialien werden verwendet?

Erster Check Baubeschreibung (Fortsetzung)

✔ **Decken**

- [ ] Auf welche Weise werden die einzelnen Geschossdecken ausgeführt?
- [ ] Welche Materialien werden verwendet?

Innenwände in Erdgeschoss, Obergeschoss und Dachgeschoss

- [ ] Aus welchem Material sind die tragenden Innenwände?
- [ ] Aus welchem Material sind die nichttragenden Innenwände?

Innentreppe

- [ ] Aus welchem Material wird die Innentreppe ausgeführt?
- [ ] Wie viele Stufen haben die einzelnen Läufe?
- [ ] Wie ist das Steigungsverhältnis der Treppenläufe (Auftritt und Steigung)?
- [ ] Werden Zwischenpodeste ausgeführt?
- [ ] Aus welchem Material ist der Oberbelag der Treppe?
- [ ] Aus welchem Material sind die Brüstung und der Handlauf?
- [ ] Wie wird der Zugang in einen eventuellen Spitzboden hergestellt?

Dachkonstruktion

- [ ] In welcher Konstruktion wird der Dachstuhl ausgeführt?
- [ ] Welche Dachneigung hat der Dachstuhl?
- [ ] Aus welchem Material bestehen die Mittelpfetten (zum Beispiel Leimbinder)?
- [ ] Welche Holzquerschnitte sind vorgesehen?
- [ ] Welche Dachüberstände sind geplant?
- [ ] In welcher Weise wird die Untersicht der Dachüberstände ausgeführt und mit welchen Oberflächenbehandlungen werden sie versehen?
- [ ] Aus welchem Material besteht die Dachdämmung (Material, Dicke, Wärmeleitfähigkeit)?
- [ ] Wie ist der Dämmschichtaufbau (Sparren-Zwischendämmung, oberhalb der Sparren, unterhalb der Sparren)?
- [ ] Aus welchem Material ist die Dampfbremse?
- [ ] Aus welchem Material ist die Verkleidung der Dachschrägen?
- [ ] Aus welchem Material ist die Unterkonstruktion?
- [ ] Aus welchem Material ist die Dachdeckung?
- [ ] Werden Schneefanggitter, Sicherheitstritte oder ein Standrost für den Schornsteinfeger benötigt?
- [ ] Wird ein spezielles Austrittsfenster für den Schornsteinfeger benötigt?

Balkon

- [ ] Ist ein Balkon vorgesehen?
- [ ] Wie wird der Balkon ausgeführt?
- [ ] Wie wird die Abdichtung des Balkons ausgeführt?
- [ ] Wie wird der Balkon entwässert?
- [ ] Welcher Oberbelag wird verwendet?
- [ ] Wie wird das Balkongeländer ausgeführt?

Erster Check Baubeschreibung (Fortsetzung)

✔ **Klempner- beziehungsweise Blechnerarbeiten**

- [ ] Aus welchem Material sind Dachrinnen, Fallrohre, Kehlbleche?
- [ ] Mit welchem Material werden Gauben verkleidet?
- [ ] Aus welchem Material sind die Befestigungsmittel und -elemente?

Fenster und Fenstertüren, Fensterbänke

- [ ] Aus welchem Material sind Fenster und Fenstertüren (Holz, Kunststoff, Aluminium)?
- [ ] Welche Qualität hat die Verglasung (U-Wert, Schalldämm-Maß, Einbruchschutz)?
- [ ] Welche Beschläge kommen zum Einsatz (Dreh-Beschlag, Dreh-Kipp-Beschlag)?
- [ ] Wie werden die Zwischenräume zwischen Fenster und Bauwerk gefüllt?
- [ ] Wie wird die Luftdichtigkeit des Bauwerksanschlusses hergestellt?
- [ ] Welche Fenstergriffe werden verwendet?
- [ ] Wie werden die Außenfensterbänke ausgeführt (Material, Tiefe)?
- [ ] Wie werden die Innenfensterbänke ausgeführt (Material, Tiefe)?

Rollladenkästen, Rollläden, Raffstoren

- [ ] Welche Rollläden (Raffstoren) kommen zum Einsatz?
- [ ] Wo kommen Rollläden (Raffstoren) zum Einsatz?
- [ ] Wie werden die Rollläden (Raffstoren) bedient?
- [ ] Sind elektrische Rollläden (Raffstoren) vorgesehen?

Hauseingangsbereich

- [ ] Soll ein Vordach vorgesehen werden?
- [ ] Aus welchem Material ist das Vordach?
- [ ] Sind Briefkasten, Hausnummer und Beleuchtung berücksichtigt?
- [ ] Welche Klingelanlage kommt zum Einsatz?
- [ ] Wie soll das Eingangspodest ausgeführt werden?
- [ ] Was für ein Hauseingangstürelement kommt zum Einsatz (Material, U-Wert bei Verglasung, Beschläge, Schloss, Griffe außen und innen)?

Telefon, Antenne, Klingelanlage, Elektroinstallation

- [ ] In welchen Räumen soll ein Telefonanschluss vorgesehen werden?
- [ ] In welchen Räumen soll ein Antennenanschluss vorgesehen werden?
- [ ] Wie viele Gegensprechstellen für die Klingelanlage sollen vorgesehen werden?

Erster Check Baubeschreibung (Fortsetzung)

✓ **Elektroinstallation**

- [ ] Wie viele Schalter und Steckdosen werden benötigt?
- [ ] Welches Schalterprogramm wird verwendet?
- [ ] Wie viele Deckenauslässe für Lampen werden benötigt?
- [ ] Wie viele Wandauslässe für Lampen werden benötigt?
- [ ] Werden Außensteckdosen benötigt?
- [ ] Werden Dimmer oder Taster benötigt?

Heizungsinstallation

- [ ] Welches Heizmedium kommt zum Einsatz (Öl, Gas, Fernwärme, Strom, Holz)?
- [ ] Welche Heizzentrale welches Herstellers kommt zum Einsatz?
- [ ] Wo wird das Gerät aufgestellt?
- [ ] Wie werden die Räume beheizt (Heizkörper, Fußbodenheizung, Wandheizung, Luftheizung/Passivhaus)?
- [ ] Aus welchem Material sind die Heizwasserleitungen?

Warmwasserbereitung

- [ ] Wie wird das Warmwasser erwärmt?
- [ ] Wird eine Solaranlage vorgesehen?
- [ ] Aus welchem Material sind die Wasserleitungen?
- [ ] Wie groß ist der Warmwasserspeicher?

Sanitärinstallation

- [ ] Aus welchem Material sind die Abflussrohre?
- [ ] Sind Bodeneinläufe vorgesehen (Waschküche, Bäder)?
- [ ] Aus welchem Material sind die Zuleitungen?
- [ ] Wie ist die Schallentkopplung der Leitungen vorgesehen?
- [ ] Wird eine Zirkulationsleitung für die Wasserversorgung vorgesehen?
- [ ] Wird eine Außenzapfstelle benötigt?

Sanitärgegenstände

- [ ] Welche Sanitärgegenstände kommen im Badezimmer zum Einsatz (WC, WC-Sitz, Toilettenpapierhalter, Waschbecken, Badewanne, Dusche, Duschtrennwand, Einhand-Waschtischbatterie für Dusche, Badewanne und Waschbecken, Handbrausegarnitur mit Stange, Handtuchhalter, Ablage, Kristallspiegel)?
- [ ] Welche Sanitärgegenstände kommen im Gäste-WC zum Einsatz (WC, WC-Sitz, Urinal, Toilettenpapierhalter, Waschbecken, Einhand-Waschtischbatterie, Handtuchhalter, Ablage, Kristallspiegel)?
- [ ] Von welchem Hersteller und aus welcher Serie sind die Gegenstände?
- [ ] Wie viele Anschlüsse werden in der Küche benötigt (Geschirrspülmaschine, Spüle)?
- [ ] Welche Gegenstände werden in der Waschküche benötigt (Ausgussbecken, Einhand-Spültisch-Wandbatterie)?

Erster Check Baubeschreibung (Fortsetzung)

✔ **Innenputz**

- ☐ In welchen Räumen werden Wände beziehungsweise Decken verputzt?
- ☐ Aus welchem Material ist der Innenputz?

Estrich

- ☐ Aus welchem Material ist der Estrich (Zementestrich, Anhydritestrich, Gussasphaltestrich)?
- ☐ Wie ist der Estrich aufgebaut (schwimmender Estrich, Verbundestrich, Estrich auf Trennlage)?

Trockenbau

- ☐ Aus welchem Material erfolgen die Trockenbauarbeiten an Dachschrägen, Installationsschächten usw.?

Innentüren

- ☐ Aus welchem Material sind die Innentüren?
- ☐ Welche Anforderungen werden an die Innentüren gestellt (Schallschutz, Wärmeschutz)?
- ☐ Von welchem Hersteller sind die Innentüren?
- ☐ Welche Drückergarnituren kommen zum Einsatz?

Fliesenarbeiten

- ☐ Wo werden Bodenfliesen verlegt?
- ☐ Wo werden Wandfliesen verlegt?
- ☐ Wie hoch werden Wandfliesen verlegt?
- ☐ Welche Fliesen kommen zum Einsatz?
- ☐ Aus welchem Material sind die Sockel?
- ☐ Kommen Sonderfliesen zum Einsatz?

Parkettarbeiten

- ☐ Welches Material kommt zum Einsatz (Fertigparkett, massives Parkett)?
- ☐ In welchen Räumen wird Parkett verlegt?
- ☐ Wie werden die Sockel ausgebildet?

Malerarbeiten, innen und außen

- ☐ Welche Wände werden tapeziert?
- ☐ Welche Decken werden tapeziert?
- ☐ Welche Flächen werden gestrichen?
- ☐ Müssen Geländer oder Dachüberstände gestrichen werden?
- ☐ Welche Tapeten werden verwendet?
- ☐ Welche Farbe wird verwendet?

Erster Check Baubeschreibung (Fortsetzung)

✔ **Teppicharbeiten**

- [ ] Welches Material kommt zum Einsatz?
- [ ] In welchen Räumen wird Teppich verlegt?
- [ ] Wie werden die Sockel ausgebildet?
- [ ] Wie wird der Teppich verlegt (verklebt, verspannt)?

Terrasse

- [ ] Wie wird die Terrasse ausgeführt (Holz, Stein, Fliesen)?
- [ ] Wie ist der genaue Bodenaufbau?
- [ ] Wie groß ist die Terrasse?

Wintergarten

- [ ] Aus welchem Material ist die Konstruktion des Wintergartens?
- [ ] Wie groß ist der Wintergarten?

Außenanlage

- [ ] Wie soll die Außenanlage ausgeführt werden (Rasen, Pflanzen, Büsche, Bäume)?
- [ ] Werden Wege im Garten vorgesehen?
- [ ] Aus welchem Material sind Wege und Unterbau?
- [ ] Werden Zäune an der Grundstücksgrenze vorgesehen?
- [ ] Aus welchem Material sind Zäune und Gartentor (Holz, Metall)?
- [ ] Wie wird der PKW-Stellplatz ausgebildet (Garage, Carport, einfacher Stellplatz)?
- [ ] Wird eine Beleuchtungsanlage vorgesehen?

14 Ausführungspläne bzw. Werkpläne

Die Ausführungspläne, auch Werkpläne genannt, sind die Pläne, die in den Werkstätten, in den Produktionsanlagen und auf der Baustelle zum Bauen eines Hauses eingesetzt werden. Sie haben meist den Maßstab 1:50, Details auch 1:20, teilweise sogar 1:1. Sie sind sehr wichtig, denn nach ihnen wird letztlich gebaut. Sie können sich auch von den Plänen im Bauantrag noch leicht unterscheiden. Daher sollten Sie sehr sorgfältig überprüft werden, bevor sie freigegeben werden.

Welche Darstellungen Werkpläne enthalten sollten, finden Sie in den Checklisten hinter diesem Trennblatt. Mit diesen können Sie die Werkpläne auf Vollständigkeit überprüfen und sie dann direkt dahinter einheften.

Grundrisspläne bei Neubaumaßnahmen

✓

- [ ] Angaben zu Verfasser/Planer, Bauherr, Lage und Ort, Maßstab, Änderungsvermerke mit Datum und Namenszeichen sowie laufender Plannummerierung und klarer Planangabe (zum Beispiel Grundriss EG) im Plankopf
- [ ] Nordpfeil deutlich und klar
- [ ] Im Erdgeschossgrundriss die Erschließung (Außentreppen, Terrassen, Gartenwege, Zufahrten)
- [ ] Gesamtmaße über die volle Hausbreite und -tiefe
- [ ] Sämtliche Teilmaße (zum Beispiel von Hauskante zu Fenster, von Fenster zu Fenster)
- [ ] Alle Öffnungsmaße in Höhe und Breite des Rohbaumaßes (Türen, Fenster)
- [ ] Alle Brüstungshöhen
- [ ] Alle Wandstärken mit Materialsymbolik
- [ ] Maße von Vor- und Rücksprüngen in Wänden (Wandnischen, Erker usw.) Soweit vorhanden, alle Dehnungsfugen und Achsmaße (Achsen sind Orientierungslinien in Zeichnungen, die beispielsweise in allen Grundrissen gleich dargestellt sind und auf der Baustelle die Orientierung erleichtern)
- [ ] Öffnungsviertelkreise mit Öffnungsrichtung sämtlicher Türen und Fenstertüren
- [ ] Treppenlauf mit ordnungsgemäßer Grundrisskonstruktion der Treppe bei Wendelungen sowie Steigungsangaben, Stufenzahl und Gehlinie
- [ ] In gestrichelter Linie alle auskragenden Bauteile oberer oder unterer Geschosse (Balkone, Dach usw.)
- [ ] Lage von Stürzen, Kanälen, Unterzügen, Durchlässen als gestrichelte Linie mit Bezug auf die lichten Raumhöhen
- [ ] Lage von Rollläden und Gurtbändern
- [ ] Alle Raumgrößen in Quadratmetern mit Bezeichnung und Angabe der Berechnungsgrundlage (zum Beispiel Wohnflächenverordnung, Zweite Berechnungsverordnung, DIN 277)
- [ ] Oberkante Rohfußboden und Oberkante Fertigfußboden in allen Räumen
- [ ] Lage und Art von Bodeneinläufen (Abflussmöglichkeit in Bädern oder Waschküchen)
- [ ] Wo nötig, Verlegepläne für Boden- und Wandfliesen
- [ ] In den Bädern: Lage, Form und Art sämtlicher sanitärer Einrichtungsgegenstände
- [ ] In Dachgeschossgrundrissen: Kniestocklinie (Stoßlinie von aufgehender Wand und Dachschräge), Dachspitzbodenlinie (Stoßlinie von aufgehender Dachschräge mit Zimmerdecke Dachgeschoss), Dachgaubenlinien, Lage und Anordnung von Bodeneinschubtreppen
- [ ] Lage und Durchmesser der Kaminzüge und/oder Lüftungskanäle inklusive Reinigungs- beziehungsweise Austrittsöffnungen
- [ ] Lage von Kellerlichtschächten
- [ ] Fundamentlage
- [ ] Bei Heiztechnikräumen: Stellung, Lage, Installation und Anschlüsse der Heizzentrale sowie eventuell benötigter Tanklager- oder Gaszuführungen
- [ ] Angaben über Be- und Entlüftung im Heizraum
- [ ] Ausstattung des Hausanschlussraums
- [ ] Eventuell Revisionsschacht (vertikaler Schacht durch mehrere Geschosse, in dem Leitungen verlegt werden, mit Öffnungen in jedem Geschoss)
- [ ] Hinweis auf jeweils zugeordnete Detailpläne (zum Beispiel durch Einkreisung eines Details mit zugeordneter Plannummer, wo dieses im größeren Maßstab zu finden ist) sowie Pläne der Fachingenieure wie Elektro-, Sanitär- und Heizungsplanung (enorm wichtig beispielsweise für Lage und Anzahl Ihrer Steckdosen und Lichtschalter beziehungsweise Heizkörper und sämtlicher Wasser- und Abwasseranschlüsse)
- [ ] Bezeichnung und Lage von Schnittlinien, die aussagen, wo der Vertikalschnitt des Schnittplans durchs Haus gelegt wurde (zum Beispiel Schnitt A-A)

Schnittpläne bei Neubaumaßnahmen

✓

- [ ] Angaben zu Verfasser/Planer, Bauherr, Lage und Ort, Maßstab, Änderungsvermerken mit Datum und Namenszeichen sowie laufende Plannummerierung und klare Planangabe (zum Beispiel Schnitt A-A) im Plankopf
- [ ] Höhenlage des Gebäudes über Meereshöhe bezogen auf die Oberkante des Fertigfußbodens des Erdgeschosses
- [ ] Bezeichnung der Geschosse
- [ ] Alle Höhenmaße über die komplette Haushöhe inklusive der lichten Raummaße
- [ ] Alle lichten Rohbau- und Fertigbaumaße
- [ ] Durchgangshöhen von Türen, Fenstertüren oder Treppenunterläufen
- [ ] Alle Deckenstärken mit Maßangaben des gesamten Bodenaufbaus (Rohdecke,Trittschalldämmung, Estrich, Bodenbelag usw.)
- [ ] Bei Außenwänden im Fensterbereich Brüstungshöhen (Wandanteil unterhalb des Fensters) und Sturzhöhen (Wandanteil oberhalb des Fensters) inklusive ihrer Konstruktion
- [ ] Stärken, Aufbau und Konstruktion von Wänden
- [ ] Lage und Ausbildung von Ringankern (Betonstreifen oberhalb von Mauerwerk und anderes zur Verteilung von Lasten oberhalb von Wänden)
- [ ] Wo notwendig, Wandabwicklungen (zum Beispiel Zeichnungen von gefliesten Böden und Wänden mit Darstellung aller Fugen und Fliesengrößen)
- [ ] Lage, Anordnung, Konstruktion und Höhenverlauf von Treppen, inklusive sämtlicher Zwischenpodeste mit Art und Ausformung aller Anschlusspunkte der Treppen an bestehende Bauteile, wie eventuell Wände oder Geschosszwischendecken
- [ ] Anschlüsse von Lichtschächten, Außentreppen, Terrassen, Balkonen usw.
- [ ] Verankerungen, Verlauf und Maße der Dachbinder sowie des Dachtragwerks
- [ ] Aufbau, Montagepunkte und Ausbildung des gesamten Dachaufbaus inklusive Lattenlage und Ziegeleindeckung sowie Traufanschlusspunkt mit Ausladung und Ausbildung des Sparrenfußes, Montage der Dachrinne sowie Firstanschluss mit Firstlinie (Dachgrafik, → Seite 298)
- [ ] Konstruktive Ausformung von Gauben oder Dachausstiegen inklusive aller Anschlusspunkte an die Dachhaut
- [ ] Hinweis auf jeweils zugeordnete Detailpläne (zum Beispiel durch Einkreisung eines Details mit zugeordneter Plannummer, wo dieses im größeren Maßstab zu finden ist) sowie Pläne der Fachingenieure wie Elektro-, Sanitär- und Heizungsplanung (enorm wichtig beispielsweise für Lage und Anzahl Ihrer Steckdosen und Lichtschalter beziehungsweise Heizkörper oder aber auch sämtlicher Wasser- und Abwasseranschlüsse)
- [ ] Höhenlage und Anschlüsse der Hauszuleitungen für Gas, Wasser, Strom usw.
- [ ] Lage und Verlauf der Grundleitung
- [ ] Fundamentschnitte mit eindeutiger Darstellung und Bezeichnung der Materialien und Konstruktionsweisen der Fundamentierungen, der aufgehenden Kellerwände, der vorgesehenen Abdichtung der Kellerwände gegen Feuchtigkeit von außen (Sperrschichtenaufbau), der Lage und Stärke des Drainagerohrs (Kunststoffrohr im Erdreich, das Sickerwasser ableitet), der Kiesverfüllung sowie des maximal gemessenen Grundwasserstands, Lage und Ausbildung von waagerechten Sperrschichten (unterhalb der Grundplatte, in den aufgehenden Wänden)

Ansichtspläne bei Neubaumaßnahmen

✓

- [ ] Angaben zu Verfasser/Planer, Bauherr, Lage und Ort, Maßstab, Änderungsvermerken mit Datum und Namenszeichen sowie laufende Plannummerierung und klare Planangabe (zum Beispiel Ansicht Südwest) im Plankopf
- [ ] Gestrichelt die Höhenlinien der Ober- und Unterkanten der einzelnen Geschossdecken
- [ ] Lage und Anordnung von Fenstern und Türen inklusive eingestrichelter Öffnungssystematik
- [ ] Lage und Anordnung von Rollläden, Jalousien, Markisen usw.
- [ ] Lage und Anordnung von Außentreppen und Terrassen
- [ ] Lage und Anordnung von Regenfallrohren
- [ ] Trauf-, Kehl-, Grat- und Firstlinien (Dachgrafik, → Seite 284)
- [ ] Kniestocklinie gestrichelt
- [ ] Schornsteine, Gauben, Dachausstiege
- [ ] Gesimse, Balkone, Geländer
- [ ] Sockelverlauf
- [ ] Besondere Fassadenbekleidungen wie zum Beispiel Verputzungen, Verklinkerungen oder Holzverkleidungen
- [ ] Hinweis auf zugeordnete Detailpläne (zum Beispiel durch Einkreisung eines Details mit Plannummer, wo dieses im größeren Maßstab zu finden ist)
- [ ] Gründungstiefe der Fundamente gestrichelt
- [ ] Erdreichverlauf
- [ ] Höhenlinie des Straßenverlaufs der Erschließungsstraße

15 Schriftwechsel Handwerker bzw. Generalunternehmer

Der Schriftwechsel mit Handwerkern oder einem Generalunternehmer kann von eher geringem Umfang sein, er kann genauso gut aber auch sehr schnell zunehmen, wenn es Probleme auf der Baustelle gibt.

Der meiste Schriftverkehr entsteht im Zusammenhang mit Baumängeln. Zwar wird dabei nach wie vor viel über E-Mails gearbeitet, das ist aber riskant, denn die Rechtsprechung stellt Formanforderungen an solche Vorgänge. Eine Mitteilung eines Mangels und Aufforderung zu Beseitigung per E-Mail erfüllt diese Formanforderungen nicht. Für solche Vorgänge ist ein Schreiben mit Unterschrift notwendig.

Wenn sich Probleme erhärten, kann auch die Einschaltung eines Anwaltes notwendig werden, der den Schriftwechsel dann mit überwacht (siehe Trennblatt Schriftwechsel Rechtsvertreter).

Haben die Dokumente hohe Brisanz, kann auch bei diesen überlegt werden, auf die Baustelle nur Kopien mitzunehmen.

16 Schriftwechsel Rechtsvertreter (ggf. Gericht)

Die Einschaltung eines Rechtsanwalts kann zwei Gründe haben: Als präventiver Berater oder dann, wenn ein Rechtssachverhalt bereits eingetreten ist, bei dem man Hilfe benötigt.

In beiden Fällen entsteht Schriftverkehr, der hinter diesem Trennblatt abgeheftet werden kann.

Ein grundsätzlich sinnvoller, präventiver Schritt, den ein Anwalt leisten kann, ist die fachliche Prüfung eines Architekten-, Generalunternehmer- oder Handwerkervertrages.

Inwieweit auch Schriftverkehr zu gerichtlichen Klärungen entsteht, hängt vom Verlauf des Vorhabens ab. Gerichtliche Klärungen können Behörden, Versorgungsträger, Planer, Generalunternehmer oder Handwerker betreffen.

III. Baudurchführung

17 Notfallblatt

Das Notfallblatt für Notrufe ist eines der wichtigsten Blätter für die Baustelle. Auf kaum einer Baustelle hängt es, doch wenn es ernst wird, ist es unerlässlich.

Nachfolgend finden Sie fünf Kopiervorlagen zum Ausfüllen. Sie können die Kopien auch laminieren und an verschiedenen Stellen der Baustelle aushängen. Sie können sie auch auf grellrotes Papier kopieren, um dadurch die Signalwirkung zu erhöhen.

Notfallplan

Lfd. Nr. | Datum

Bauvorhaben:

Wichtige Angaben bei einem Notruf:

- **Wer meldet?**
- **Wo geschah es?**
- **Was geschah?**
- **Wie viele Verletzte?**
- **Welche Verletzungen?**
- **Rückfragen abwarten!**

Unfall

Telefon

Verbandskasten an gekennzeichneter Stelle

Nächster Unfallarzt

....

Name

....

Straße | Ort | Telefon

Nächstes Krankenhaus

....

Name

....

Straße | Ort | Telefon

Feuer

Telefon

Feuerlöscher an gekennzeichneter Stelle

Handlungsweise bei Feuer:

- Erst Menschen retten
- Dann Brand bekämpfen
- Bei Brand elektrische Anlagen: ....
- Strom abschalten, nicht mit Wasser löschen
- Gefahrenbereich verlassen
- Feuerwehr einweisen

Anschrift, Telefon SIGEKO (falls vorhanden)	Anschrift, Telefon Bauleiter	Anschrift, Telefon Bauherr

Notfallplan

Lfd. Nr. | Datum

Bauvorhaben:

Wichtige Angaben bei einem Notruf:

- **Wer meldet?**
- **Wo geschah es?**
- **Was geschah?**
- **Wie viele Verletzte?**
- **Welche Verletzungen?**
- **Rückfragen abwarten!**

Unfall

Telefon

Verbandskasten an gekennzeichneter Stelle

Nächster Unfallarzt

....

Name

....

Straße | Ort | Telefon

Nächstes Krankenhaus

....

Name

....

Straße | Ort | Telefon

Feuer

Telefon

Feuerlöscher an gekennzeichneter Stelle

Handlungsweise bei Feuer:

- Erst Menschen retten
- Dann Brand bekämpfen
- Bei Brand elektrische Anlagen: ....
- Strom abschalten, nicht mit Wasser löschen
- Gefahrenbereich verlassen
- Feuerwehr einweisen

Anschrift, Telefon SIGEKO (falls vorhanden)	Anschrift, Telefon Bauleiter	Anschrift, Telefon Bauherr

Notfallplan

Lfd. Nr. | Datum

Bauvorhaben:

Wichtige Angaben bei einem Notruf:

- **Wer meldet?**
- **Wo geschah es?**
- **Was geschah?**
- **Wie viele Verletzte?**
- **Welche Verletzungen?**
- **Rückfragen abwarten!**

Unfall

Telefon

Verbandskasten an gekennzeichneter Stelle

Nächster Unfallarzt

....

Name

....

Straße | Ort | Telefon

Nächstes Krankenhaus

....

Name

....

Straße | Ort | Telefon

Feuer

Telefon

Feuerlöscher an gekennzeichneter Stelle

Handlungsweise bei Feuer:

- Erst Menschen retten
- Dann Brand bekämpfen
- Bei Brand elektrische Anlagen:
  ....
- Strom abschalten, nicht mit Wasser löschen
- Gefahrenbereich verlassen
- Feuerwehr einweisen

Anschrift, Telefon SIGEKO (falls vorhanden)	Anschrift, Telefon Bauleiter	Anschrift, Telefon Bauherr

Notfallplan

Lfd. Nr. | Datum

Bauvorhaben:

Wichtige Angaben bei einem Notruf:

- **Wer meldet?**
- **Wo geschah es?**
- **Was geschah?**
- **Wie viele Verletzte?**
- **Welche Verletzungen?**
- **Rückfragen abwarten!**

Unfall

Telefon

Verbandskasten an gekennzeichneter Stelle

Nächster Unfallarzt

....

Name

....

Straße | Ort | Telefon

Nächstes Krankenhaus

....

Name

....

Straße | Ort | Telefon

Feuer

Telefon

Feuerlöscher an gekennzeichneter Stelle

Handlungsweise bei Feuer:

- Erst Menschen retten
- Dann Brand bekämpfen
- Bei Brand elektrische Anlagen:
  ....
- Strom abschalten, nicht mit Wasser löschen
- Gefahrenbereich verlassen
- Feuerwehr einweisen

Anschrift, Telefon SIGEKO (falls vorhanden)	Anschrift, Telefon Bauleiter	Anschrift, Telefon Bauherr

Notfallplan

Lfd. Nr. | Datum

Bauvorhaben:

Wichtige Angaben bei einem Notruf:

- **Wer meldet?**
- **Wo geschah es?**
- **Was geschah?**
- **Wie viele Verletzte?**
- **Welche Verletzungen?**
- **Rückfragen abwarten!**

Unfall

Telefon

Verbandskasten an gekennzeichneter Stelle

Nächster Unfallarzt

....

Name

....

Straße | Ort | Telefon

Nächstes Krankenhaus

....

Name

....

Straße | Ort | Telefon

Feuer

Telefon

Feuerlöscher an gekennzeichneter Stelle

Handlungsweise bei Feuer:

- Erst Menschen retten
- Dann Brand bekämpfen
- Bei Brand elektrische Anlagen: ....
- Strom abschalten, nicht mit Wasser löschen
- Gefahrenbereich verlassen
- Feuerwehr einweisen

Anschrift, Telefon SIGEKO (falls vorhanden)	Anschrift, Telefon Bauleiter	Anschrift, Telefon Bauherr

18 Baustellenordnung und SIGEKO-Plan

Die Baustellenordnung ist ein wichtiges Instrument, um auf Baustellen von Anfang an Sicherheit und Schutz gewährleisten zu können. Dazu gehören u. a. Vorgaben zu:

- → Personensicherheit von Werktätigen, Bauherren-Helfern, Bauherren und Besuchern (z. B. Helm- und Schutzschuhpflicht, ggf. Warnjackenpflicht, ggf. Schutzbrillenpflicht)
- → Maschinensicherheit (z. B. für Kreissägen/u. a. Einhaltung der
- → Betriebssicherheitsverordnung und der technischen Regeln für Betriebssicherheit TRBS 2111)
- → Betriebsmittelsicherheit (z. B. für die Lagerung entzündlicher Stoffe)
- → Gerüstsicherheit (z. B. zwingende Beachtung des Gerüstscheins)
- → Verkehrssicherheit (z. B. Aufrechterhaltung der einmal aufgebauten Absicherung)
- → Einbruchschutz (z. B. abendliches Verschließen)
- → Umweltschutz (z. B. Abfälle, Restmaterialien, Zigarettenkippen)

Als Laie können Sie eine Baustellenordnung nicht selbst verfassen und viele Bauleiter und Unternehmen legen keine vor. In diesen Fällen können Sie aber zumindest auf die Baustellenverordnung verweisen. Nach § 3 der Baustellenverordnung sind für Baustellen, auf denen Beschäftigte mehrerer Arbeitgeber tätig werden, ein oder mehrere geeignete Sicherheits- und Gesundheitsschutzkoordinatoren (SIGEKO) zu bestellen. Eine SIGEKO Qualifizierung wird über eine Zusatzausbildung erworben, die viele Bauleiter haben. Ein SIGEKO muss einen sogenannten SIGEKO-Plan anfertigen, der gemäß der Regeln zum Arbeitsschutz auf Baustellen Nr. 31 (RAB 31) mindestens folgende Inhalte haben muss:

- → Arbeitsabläufe
- → Gefährdungen
- → Räumliche und zeitliche Zuordnung der Arbeitsabläufe
- → Maßnahmen zur Vermeidung bzw. Minimierung der Gefährdungen
- → Arbeitsschutzbestimmungen

Der SIGEKO-Plan konzentriert sich zwar im Wesentlichen auf die Sicherheitsplanung, aber das ist auch bei einer Baustellenordnung der wichtigste Aspekt. Da der SIGEKO-Plan gesetzlich gefordert ist, haben Sie es relativ einfach, einen solchen einzufordern. Sicherheitsvorgaben sollten darin möglichst konkret formuliert sein: Also etwa, welche Kreissäge, mit welcher Sicherheitsabschaltung an welchem Standort und unter welchen Voraussetzungen auf der Baustelle von wem betrieben werden darf. Die Vorgaben müssen praxisgerecht und klar überprüfbar sein.

19 Bautagebuch

Ein Bautagebuch ist ein wichtiges Instrument der Dokumentation und Beweissicherung auf Baustellen. Es wird völlig unterschätzt. Man sieht kaum noch handschriftlich verfasste Bautagebücher von Bauherren. Diese können aber sehr wichtig sein, um länger zurückliegende Sachverhalte noch nachvollziehen zu können. Daher ist das Führen eines Bautagebuches unbedingt anzuraten. Immer dann, wenn Sie auf die Baustelle gehen, sollten Sie danach kurze Eintragungen machen.

Nachfolgend finden Sie 20 Blankoblätter. Mit einigen können Sie direkt anfangen und einige sollten Sie sich als Kopiervorlage aufheben.

Neben losen Blättern, können Sie auch überlegen, ein gebundenes Blanko-Notizbuch als Bautagebuch zu nutzen. Gebundene Bautagebücher haben mitunter eine noch höhere Beweiskraft, weil man nicht vermuten kann, dass nachträglich Blätter eingeheftet wurden.

Man findet zunehmend auch Baublogs im Internet. Diese können Bautagebücher aber keinesfalls ersetzen. Sie sind eher unterhaltendes Beiwerk als rechtswirksam begleitende Dokumentation. Stecken Sie die Zeit daher lieber in ein internes Bautagebuch als in die Außendarstellung Ihrer Baustelle.

Haben Sie einen Architekten oder Ingenieur mit der Bauleitung beauftragt und rechnet er nach HOAI ab, gehört das Führen eines Bautagebuchs nach Anlage 10 der HOAI zu dessen Grundleistungen. Sie können auch Einblick in dieses Tagebuch nehmen.

Bautagebuch	Lfd. Nr.	Datum					Uhrzeit von bis		
Sonne	Wolkig	Regen	Schnee	Frost	Mo	Di	Mi	Do	Fr	Sa	So	Temp. ca. °C

Bauvorhaben:

Anwesende

....	....	....
Firma	Firma	Firma
....	....	....
Firma	Firma	Firma
....	....	....
Firma	Firma	Firma

Feststellungen, Stand der Arbeiten

....

....

....

....

....

Anordnungen, Besprechungen, Abnahmen

....

....

....

....

....

Dokumentation, Fotos von

....

....

Bautagebuch				Lfd. Nr.	Datum					Uhrzeit von bis			
Sonne	Wolkig	Regen	Schnee	Frost	Mo	Di	Mi	Do	Fr	Sa	So	Temp. ca.	°C
Bauvorhaben:													

Anwesende

....	....	....
Firma	Firma	Firma
....	....	....
Firma	Firma	Firma
....	....	....
Firma	Firma	Firma

Feststellungen, Stand der Arbeiten

....

....

....

....

....

Anordnungen, Besprechungen, Abnahmen

....

....

....

....

....

Dokumentation, Fotos von

....

....

Bautagebuch	Lfd. Nr.	Datum					Uhrzeit von bis
Sonne	Wolkig	Regen	Schnee	Frost	Mo	Di	Mi	Do	Fr	Sa	So	Temp. ca. °C

Bauvorhaben:

Anwesende

....	....	....
Firma	Firma	Firma
....	....	....
Firma	Firma	Firma
....	....	....
Firma	Firma	Firma

Feststellungen, Stand der Arbeiten

....

....

....

....

....

Anordnungen, Besprechungen, Abnahmen

....

....

....

....

....

Dokumentation, Fotos von

....

....

Bautagebuch					Lfd. Nr.	Datum					Uhrzeit von bis			
Sonne	Wolkig	Regen	Schnee		Frost	Mo	Di	Mi	Do	Fr	Sa	So	Temp. ca.	°C
Bauvorhaben:														

Anwesende

....	....	....
Firma	Firma	Firma
....	....	....
Firma	Firma	Firma
....	....	....
Firma	Firma	Firma

Feststellungen, Stand der Arbeiten

....

....

....

....

....

Anordnungen, Besprechungen, Abnahmen

....

....

....

....

....

Dokumentation, Fotos von

....

....

Bautagebuch				Lfd. Nr.	Datum					Uhrzeit bis		von	
Sonne	Wolkig	Regen	Schnee	Frost	Mo	Di	Mi	Do	Fr	Sa	So	Temp. ca.	°C
Bauvorhaben:													

Anwesende

....	....	....
Firma	Firma	Firma
....	....	....
Firma	Firma	Firma
....	....	....
Firma	Firma	Firma

Feststellungen, Stand der Arbeiten

....

....

....

....

....

Anordnungen, Besprechungen, Abnahmen

....

....

....

....

....

Dokumentation, Fotos von

....

....

Bautagebuch				Lfd. Nr.	Datum					Uhrzeit von bis			
Sonne	Wolkig	Regen	Schnee	Frost	Mo	Di	Mi	Do	Fr	Sa	So	Temp. ca.	°C
Bauvorhaben:													

Anwesende

....	....	....
Firma	Firma	Firma
....	....	....
Firma	Firma	Firma
....	....	....
Firma	Firma	Firma

Feststellungen, Stand der Arbeiten

....

....

....

....

....

Anordnungen, Besprechungen, Abnahmen

....

....

....

....

....

Dokumentation, Fotos von

....

....

Bautagebuch				Lfd. Nr.	Datum					Uhrzeit von bis			
Sonne	Wolkig	Regen	Schnee	Frost	Mo	Di	Mi	Do	Fr	Sa	So	Temp. ca.	°C
Bauvorhaben:													

Anwesende

....	....	....
Firma	Firma	Firma
....	....	....
Firma	Firma	Firma
....	....	....
Firma	Firma	Firma

Feststellungen, Stand der Arbeiten

....

....

....

....

....

Anordnungen, Besprechungen, Abnahmen

....

....

....

....

....

Dokumentation, Fotos von

....

....

Bautagebuch				Lfd. Nr.	Datum					Uhrzeit von bis			
Sonne	Wolkig	Regen	Schnee	Frost	Mo	Di	Mi	Do	Fr	Sa	So	Temp. ca.	°C
Bauvorhaben:													

Anwesende

....	....	....
Firma	Firma	Firma
....	....	....
Firma	Firma	Firma
....	....	....
Firma	Firma	Firma

Feststellungen, Stand der Arbeiten

....

....

....

....

....

Anordnungen, Besprechungen, Abnahmen

....

....

....

....

....

Dokumentation, Fotos von

....

....

Bautagebuch				Lfd. Nr.	Datum					Uhrzeit von bis		
Sonne	Wolkig	Regen	Schnee	Frost	Mo	Di	Mi	Do	Fr	Sa	So	Temp. ca. °C
Bauvorhaben:												

Anwesende

.... Firma .... Firma .... Firma

.... Firma .... Firma .... Firma

.... Firma .... Firma .... Firma

Feststellungen, Stand der Arbeiten

....

....

....

....

....

Anordnungen, Besprechungen, Abnahmen

....

....

....

....

....

Dokumentation, Fotos von

....

....

Bautagebuch				Lfd. Nr.	Datum					Uhrzeit von bis			
Sonne	Wolkig	Regen	Schnee	Frost	Mo	Di	Mi	Do	Fr	Sa	So	Temp. ca.	°C
Bauvorhaben:													

Anwesende

....
Firma Firma Firma

....
Firma Firma Firma

....
Firma Firma Firma

Feststellungen, Stand der Arbeiten

....
....
....
....
....

Anordnungen, Besprechungen, Abnahmen

....
....
....
....
....

Dokumentation, Fotos von

....
....

Bautagebuch				Lfd. Nr.	Datum					Uhrzeit bis			von
Sonne	Wolkig	Regen	Schnee	Frost	Mo	Di	Mi	Do	Fr	Sa	So	Temp. ca.	°C
Bauvorhaben:													

Anwesende

....	....	....
Firma	Firma	Firma
....	....	....
Firma	Firma	Firma
....	....	....
Firma	Firma	Firma

Feststellungen, Stand der Arbeiten

....

....

....

....

....

Anordnungen, Besprechungen, Abnahmen

....

....

....

....

....

Dokumentation, Fotos von

....

....

Bautagebuch				Lfd. Nr.	Datum					Uhrzeit von bis		
Sonne	Wolkig	Regen	Schnee	Frost	Mo	Di	Mi	Do	Fr	Sa	So	Temp. ca. °C
Bauvorhaben:												

Anwesende

....

Firma Firma Firma

....

Firma Firma Firma

....

Firma Firma Firma

Feststellungen, Stand der Arbeiten

....

....

....

....

....

Anordnungen, Besprechungen, Abnahmen

....

....

....

....

....

Dokumentation, Fotos von

....

....

Bautagebuch				Lfd. Nr.	Datum					Uhrzeit von bis			
Sonne	Wolkig	Regen	Schnee	Frost	Mo	Di	Mi	Do	Fr	Sa	So	Temp. ca.	°C
Bauvorhaben:													

Anwesende

....	....	....
Firma	Firma	Firma
....	....	....
Firma	Firma	Firma
....	....	....
Firma	Firma	Firma

Feststellungen, Stand der Arbeiten

....

....

....

....

....

Anordnungen, Besprechungen, Abnahmen

....

....

....

....

....

Dokumentation, Fotos von

....

....

Bautagebuch				Lfd. Nr.	Datum					Uhrzeit bis			von
Sonne	Wolkig	Regen	Schnee	Frost	Mo	Di	Mi	Do	Fr	Sa	So	Temp. ca.	°C
Bauvorhaben:													

Anwesende

....

Firma Firma Firma

....

Firma Firma Firma

....

Firma Firma Firma

Feststellungen, Stand der Arbeiten

....

....

....

....

....

Anordnungen, Besprechungen, Abnahmen

....

....

....

....

....

Dokumentation, Fotos von

....

....

Bautagebuch				Lfd. Nr.	Datum					Uhrzeit von bis			
Sonne	Wolkig	Regen	Schnee	Frost	Mo	Di	Mi	Do	Fr	Sa	So	Temp. ca.	°C
Bauvorhaben:													

Anwesende

....
Firma Firma Firma

....
Firma Firma Firma

....
Firma Firma Firma

Feststellungen, Stand der Arbeiten

....

....

....

....

....

Anordnungen, Besprechungen, Abnahmen

....

....

....

....

....

Dokumentation, Fotos von

....

....

Bautagebuch	Lfd. Nr.	Datum					Uhrzeit von bis		
Sonne	Wolkig	Regen	Schnee	Frost	Mo	Di	Mi	Do	Fr	Sa	So	Temp. ca. °C

Bauvorhaben:

Anwesende

.... Firma

.... Firma

.... Firma

.... Firma

.... Firma

.... Firma

.... Firma

.... Firma

.... Firma

Feststellungen, Stand der Arbeiten

....

....

....

....

....

Anordnungen, Besprechungen, Abnahmen

....

....

....

....

....

Dokumentation, Fotos von

....

....

Bautagebuch	Lfd. Nr.	Datum					Uhrzeit von bis		
Sonne	Wolkig	Regen	Schnee	Frost	Mo	Di	Mi	Do	Fr

Sa	So	Temp. ca.	°C

Bauvorhaben:

Anwesende

....

Firma Firma Firma

....

Firma Firma Firma

....

Firma Firma Firma

Feststellungen, Stand der Arbeiten

....

....

....

....

....

Anordnungen, Besprechungen, Abnahmen

....

....

....

....

....

Dokumentation, Fotos von

....

....

Bautagebuch				Lfd. Nr.	Datum					Uhrzeit von bis		
Sonne	Wolkig	Regen	Schnee	Frost	Mo	Di	Mi	Do	Fr	Sa	So	Temp. ca. °C
Bauvorhaben:												

Anwesende

....
Firma Firma Firma

....
Firma Firma Firma

....
Firma Firma Firma

Feststellungen, Stand der Arbeiten

....

....

....

....

....

Anordnungen, Besprechungen, Abnahmen

....

....

....

....

....

Dokumentation, Fotos von

....

....

Bautagebuch				Lfd. Nr.	Datum					Uhrzeit bis		von
Sonne	Wolkig	Regen	Schnee	Frost	Mo	Di	Mi	Do	Fr	Sa	So	Temp. ca. °C
Bauvorhaben:												

Anwesende

....
Firma Firma Firma

....
Firma Firma Firma

....
Firma Firma Firma

Feststellungen, Stand der Arbeiten

....

....

....

....

....

Anordnungen, Besprechungen, Abnahmen

....

....

....

....

....

Dokumentation, Fotos von

....

....

20 Aktenvermerke

Neben dem Bautagebuch sind auch Aktenvermerke ein wichtiges Arbeitswerkzeug auf Baustellen. In Aktenvermerken notiert man besondere Telefonate, Besprechungen, Absprachen, Vereinbarungen. Denn nicht zu jedem Vorgang wird auf der Baustelle ein Protokoll angefertigt. Man bespricht auf einer Baustelle an einem Tag schnell mehrere wichtige Sachverhalte, z. B. mit dem Planer oder den Handwerkern. Hat man dann Blankoblätter zum Aktenvermerk gleich dabei, kann man direkt handschriftlich Aktenvermerke dazu anlegen.

Nachfolgend finden Sie daher fünf Kopiervorlagen für Aktenvermerke, so dass Sie einerseits direkt beginnen können, aber auch noch Blanko-Exemplare zum Kopieren bleiben.

Aktenvermerk	Lfd. Nr.	Datum	Uhrzeit von bis
Bauvorhaben:			Ort: Seite 1

Teilnehmer	**Funktion**	**Verteiler**
....	....	☐
....	....	☐
....	....	☐
....	....	☐

Lfd. Nr.	Besprechungsinhalt
....	....
....	....
....	....
....	....
....	....
....	....
....	....
....	....
....	....
....	....
....	....
....	....
....	....
....	....
....	....

Aktenvermerk	Lfd. Nr.	Datum	Uhrzeit von bis
Bauvorhaben:			Ort: Seite 1

Teilnehmer	**Funktion**	**Verteiler**
....	....	☐
....	....	☐
....	....	☐
....	....	☐

Lfd. Nr.	Besprechungsinhalt
....	....
....	....
....	....
....	....
....	....
....	....
....	....
....	....
....	....
....	....
....	....
....	....
....	....
....	....
....	....

Aktenvermerk	Lfd. Nr.	Datum	Uhrzeit von bis
Bauvorhaben:			Ort: Seite 1

Teilnehmer	**Funktion**	**Verteiler**
....	....	☐
....	....	☐
....	....	☐
....	....	☐

Lfd. Nr.	Besprechungsinhalt
....	....
....	....
....	....
....	....
....	....
....	....
....	....
....	....
....	....
....	....
....	....
....	....
....	....
....	....
....	....

Aktenvermerk	Lfd. Nr.	Datum	Uhrzeit von bis
Bauvorhaben:			Ort: Seite 1

Teilnehmer	**Funktion**	**Verteiler**
....	....	☐
....	....	☐
....	....	☐
....	....	☐

Lfd. Nr.	Besprechungsinhalt
....	....
....	....
....	....
....	....
....	....
....	....
....	....
....	....
....	....
....	....
....	....
....	....
....	....
....	....
....	....

Aktenvermerk	Lfd. Nr.	Datum	Uhrzeit von bis
Bauvorhaben:			Ort: Seite 1

Teilnehmer	**Funktion**	**Verteiler**
....	....	☐
....	....	☐
....	....	☐
....	....	☐

Lfd. Nr.	Besprechungsinhalt
....	....
....	....
....	....
....	....
....	....
....	....
....	....
....	....
....	....
....	....
....	....
....	....
....	....
....	....
....	....

21 Jour-Fixe-Protokolle

Der „Jour-Fixe" ist ein fester Tag in der Woche auf der Baustelle, an dem man mit dem Planer und den Handwerkern bzw. dem Generalunternehmer alle anfallenden Vorgänge bespricht. Meist handelt es sich dabei um Schnittstellengespräche zwischen Gewerken oder Gespräche mit dem Generalunternehmer zu Bauausführung, Ausführungsqualität und Bauterminen.

Diese Termine sollte man unbedingt protokollieren, weil man sonst später nicht mehr weiß, wer daran teilgenommen hat und was besprochen und abgestimmt wurde.

Es ist sinnvoll, auf der Baustelle immer Protokollvorlagen dabei zu haben. Fünf Blanko-Protokollvorlagen finden Sie nach diesem Trennblatt. Mit einigen können Sie direkt beginnen und die übrigen als Kopiervorlage nutzen.

Jour fixe

Datum

Bauvorhaben:

Besprechungspunkte	**zu erledigen von** (Name/Firma)	**bis**
1.	....	....
2.	....	....
3.	....	....
4.	....	....
5.	....	....
6.	....	....
7.	....	....
8.	....	....
9.	....	....
10.	....	....
11.	....	....
12.	....	....
13.	....	....
14.	....	....
15.	....	....
16.	....	....
17.	....	....
18.	....	....

Anwesende/Beteiligte (Namentliche Auflistung aller am Jour fixe Anwesenden/Beteiligten)

....

....

....

Datum/Unterschriften (alle Beteiligten)

....

....

....

Jour fixe	Datum
Bauvorhaben:	

Besprechungspunkte	**zu erledigen von** (Name/Firma)	**bis**
1.	....	....
2.	....	....
3.	....	....
4.	....	....
5.	....	....
6.	....	....
7.	....	....
8.	....	....
9.	....	....
10.	....	....
11.	....	....
12.	....	....
13.	....	....
14.	....	....
15.	....	....
16.	....	....
17.	....	....
18.	....	....

Anwesende/Beteiligte (Namentliche Auflistung aller am Jour fixe Anwesenden/Beteiligten)

....

....

....

Datum/Unterschriften (alle Beteiligten)

....

....

....

Jour fixe

Datum

Bauvorhaben:

Besprechungspunkte	**zu erledigen von** (Name/Firma)	**bis**
1.	....	....
2.	....	....
3.	....	....
4.	....	....
5.	....	....
6.	....	....
7.	....	....
8.	....	....
9.	....	....
10.	....	....
11.	....	....
12.	....	....
13.	....	....
14.	....	....
15.	....	....
16.	....	....
17.	....	....
18.	....	....

Anwesende/Beteiligte (Namentliche Auflistung aller am Jour fixe Anwesenden/Beteiligten)

....

....

....

Datum/Unterschriften (alle Beteiligten)

....

....

....

Jour fixe

Datum

Bauvorhaben:

Besprechungspunkte	**zu erledigen von** (Name/Firma)	**bis**
1.	....	....
2.	....	....
3.	....	....
4.	....	....
5.	....	....
6.	....	....
7.	....	....
8.	....	....
9.	....	....
10.	....	....
11.	....	....
12.	....	....
13.	....	....
14.	....	....
15.	....	....
16.	....	....
17.	....	....
18.	....	....

Anwesende/Beteiligte (Namentliche Auflistung aller am Jour fixe Anwesenden/Beteiligten)

....

....

....

Datum/Unterschriften (alle Beteiligten)

....

....

....

Jour fixe

Datum

Bauvorhaben:

Besprechungspunkte	**zu erledigen von** (Name/Firma)	**bis**
1.	....	....
2.	....	....
3.	....	....
4.	....	....
5.	....	....
6.	....	....
7.	....	....
8.	....	....
9.	....	....
10.	....	....
11.	....	....
12.	....	....
13.	....	....
14.	....	....
15.	....	....
16.	....	....
17.	....	....
18.	....	....

Anwesende/Beteiligte (Namentliche Auflistung aller am Jour fixe Anwesenden/Beteiligten)

....

....

....

Datum/Unterschriften (alle Beteiligten)

....

....

....

22 Gewerke-Checklisten

Die Gewerke-Checklisten, die Sie hinter diesem Trennblatt finden, können Ihnen helfen, auf der Baustelle wichtige Prüfpunkte auch noch einmal selbst zu überprüfen.

Die Checklisten sind gewerkeweise sortiert. Die einleitenden Texte mit Erläuterungen zu den Gewerken finden Sie im Buch „Bauen!“ der Verbraucherzentrale.

Die Checklisten werden und können aus Ihnen keinen Fachmann/keine Fachfrau machen und ersetzen nicht eine professionelle Qualitätskontrolle der Baustelle. Sie können Ihnen aber helfen, auf Probleme aufmerksam zu werden.

Checkliste: Allgemeine Prüfpunkte für alle Gewerke

✔	**erledigt am**	
☐		Lassen Sie sich vor Beginn der Arbeiten vom Unternehmer schriftlich bestätigen, dass keine Bedenken gegen die Art der Ausführung bestehen und die Leistungen der Vorunternehmer ordnungsgemäß ausgeführt wurden.
☐		Vor Arbeitsbeginn muss der ausführenden Firma der aktuelle Planstand vorliegen. Kontrollieren Sie regelmäßig, ob die Handwerker vor Ort aktuelle Planunterlagen bei sich haben.
☐		Lassen Sie sich alle Lieferscheine in Kopie vorlegen und prüfen Sie, ob das gelieferte Baumaterial den Vorgaben der Leistungsbeschreibung entspricht.
☐		Achten Sie darauf, dass der Unternehmer seinen Abfall beseitigt.

Checkliste: Herrichten des Grundstücks

✔ **erledigt am**

- [ ] Vor Beginn von Abbrucharbeiten muss die Genehmigung der zuständigen Behörde vorliegen.
- [ ] Vor Beginn von Baumfällarbeiten muss die Genehmigung der zuständigen Behörde vorliegen.
- [ ] Werden Bäume gefällt, lassen Sie diese mit Wurzel entsorgen.
- [ ] Je nach vorheriger Nutzung sollte eine Baugrunduntersuchung auf Altlasten durchgeführt werden.
- [ ] Besprechen Sie mit Ihrem Bauleiter, ob Nachbargebäude geschützt werden müssen und ob eine Beweissicherung schon bestehender Schäden sinnvoll ist.
- [ ] Klären Sie – im Verdachtsfall – beim Bauaufsichtsamt, ob das Grundstück durch Kampfmittel belastet sein könnte.

Checkliste: Wasserhaltung

✔ **erledigt am**

- ☐ ☐ Bei Arbeiten im Grundwasser muss eine Grundwasserabsenkung bei der Baubehörde beantragt werden. Die Genehmigung muss vor Beginn der Arbeiten vorliegen.
- ☐ ☐ Lassen Sie eine Baugrunduntersuchung durchführen, um die geeignete Absenkungsmaßnahme zu finden.
- ☐ ☐ Lassen Sie Wasserproben auf Schadstoffe untersuchen.
- ☐ ☐ Prüfen Sie, ob Behinderungen im Bauablauf durch die Wasserleitungen für die Wasserabführung entstehen.
- ☐ ☐ Klären Sie, welche kostenfreien Möglichkeiten es gibt, das abgepumpte Wasser abzuleiten (zum Beispiel in einen nahe gelegenen Bach).
- ☐ ☐ Beim Vergleich von Angeboten ist darauf zu achten, ob die Stromkosten im Angebotspreis enthalten sind oder von Ihnen zusätzlich getragen werden müssen.
- ☐ ☐ Besprechen Sie, welche Sicherheitsmaßnahmen beim Ausfall der Pumpen getroffen werden, um Schäden am Baukörper durch Aufschwimmen zu vermeiden.
- ☐ ☐ Klären Sie, ob ein Beweissicherungsverfahren notwendig ist.

Checkliste: Baubeginn

✔ **erledigt am**

- [ ] Spätestens eine Woche vor Baubeginn müssen die Baubeginnanzeige eingereicht und ein Bauleiter bestimmt werden.
- [ ] Auflagen der Baugenehmigung müssen berücksichtigt werden und in die weiterführende Planung einfließen.
- [ ] Ein Bauzaun muss die Baustelle gegen das Eindringen sichern. Verbotsschilder „Unbefugtes Betreten der Baustelle verboten“ sollten überall gut sichtbar angebracht sein.
- [ ] Es muss geklärt werden, ob der Rohbauunternehmer oder Sie selbst für Strom und Wasser auf der Baustelle sorgen. Je weiter die nächstgelegenen Anschlussmöglichkeiten entfernt sind, desto umfangreicher und schwieriger wird es. Es ist einfacher, diese Leistung dem Unternehmer zu überlassen.
- [ ] Vor Beginn des Aushubs muss sichergestellt sein, dass keine Versorgungsleitungen auf dem Grundstück liegen, die bei den Erdarbeiten beschädigt werden können (Anfrage bei den Versorgungsunternehmen).
- [ ] Wenn geschützte Bäume gefällt werden sollen, muss das vorher bei der zuständigen Behörde beantragt werden.
- [ ] Baumbestand, der erhalten werden soll, muss ausreichend geschützt werden.
- [ ] Müssen während der Bauzeit öffentliche Verkehrsflächen in Anspruch genommen werden, ist eine vorherige Zustimmung der Behörde notwendig.
- [ ] Klären Sie, ob auf öffentlichen Verkehrsflächen Absperrungen vorgenommen werden müssen.
- [ ] Gerade bei kleinen Grundstücken ist es wichtig, mit Architekt und Bauunternehmer die Baustelleneinrichtung zu besprechen (Kranstandort, Platz für Lagerflächen, Zwischenlagerung von Mutterboden und Aushub usw.).
- [ ] Die Bautoilette sollte so stehen, dass die Nachbarn nicht belästigt werden und dass sie für die Reinigungsfirma gut erreichbar ist. Der Service-Lkw hat nur eine begrenzte Schlauchlänge zur Verfügung.
- [ ] Stellen Sie sich den Nachbarn vor. Benennen Sie Ihren künftigen Nachbarn einen Ansprechpartner, an den sie sich bei Schwierigkeiten wenden können. Ein gutes Verhältnis zu den Nachbarn kann Ihnen viel Geld und Ärger sparen und schafft Vertrauen für die Zukunft.

Checkliste: Aushubarbeiten

✓ **erledigt am**

- [ ] ______ Wenn bestehende Gebäude an die Baugrube angrenzen, ist zu kontrollieren, ob diese unterfangen werden müssen. Liegen deren Fundamente höher als die Baugrubensohle, kann es sonst zu Setzungsschäden kommen.
- [ ] ______ Das Vermessungsbüro muss beauftragt werden, die Lage des Gebäudes auf dem Grundstück mit Pflöcken abzustecken (Grobabsteckung).
- [ ] ______ Klären Sie, wo auf dem Grundstück der Humusboden zur späteren Wiederverwendung gelagert werden kann. Ist auf dem eigenen Grundstück kein Platz, können Sie auch die Nachbarn fragen.
- [ ] ______ Wenn der Bodenaushub später für die Verfüllung der Arbeitsräume genutzt werden kann, müssen ausreichende Mengen auf dem Grundstück zwischengelagert werden.
- [ ] ______ Der Böschungswinkel der Baugrube darf nicht zu steil und muss den vorhandenen Bodenverhältnissen angepasst sein (Abrutschgefahr).
- [ ] ______ Die Böschung sollte mit einer Folie vor Aufweichen durch Regenfälle geschützt werden.
- [ ] ______ Das Vermessungsbüro muss beauftragt werden, nach der Fertigstellungsanzeige des Aushubunternehmers die Höhe der Baugrubensohle zu kontrollieren.

Checkliste: Rohbauarbeiten – Gründung

✔ **erledigt am**

- ☐ Lassen Sie vom Vermessungsbüro das vom Unternehmer erstellte Schnurgerüst einmessen.
- ☐ Die Tragfähigkeit der Baugrubensohle muss vom Auftragnehmer auf Übereinstimmung mit den angesetzten Werten des Statikers kontrolliert werden.
- ☐ Wird das Gebäude ohne Keller errichtet, ist auf frosttiefe Gründung der Fundamente zu achten.
- ☐ Bei hohem Grundwasserstand, geringer Wasserdurchlässigkeit des Bodens oder Hanglage mit dem Architekten oder Bauleiter besprechen, welche zusätzlichen Wasserableitungs- beziehungsweise Dichtungsmaßnahmen notwendig sind.
- ☐ Ist der Einbau von Fugendichtungsbändern bei einem im Grundwasser stehenden Keller notwendig, muss der Unternehmer das Prüfzeugnis vorlegen. Auf jeden Fall die Ausführung kontrollieren und vom Fachmann abnehmen lassen.
- ☐ Werden die Grund- und Versorgungsleitungen bereits vor den Fundamenten verlegt, unbedingt vor dem Betonieren vom Architekten/Bauleiter oder Tiefbauamt abnehmen lassen!
- ☐ Sollen Grund- oder Versorgungsleitungen durch Fundamente oder Bodenplatte geführt werden, ist vor dem Betonieren zu prüfen, ob alle dafür notwendigen Aussparungen in die Schalung eingelegt sind. Auch die Höhenlage der Aussparungen prüfen.
- ☐ Prüfen Sie den Durchmesser der Grundleitungen und klären Sie, ob alle Leitungen im Gefälle (mindestens zwei Prozent) liegen.
- ☐ Richtungsänderungen in Grundleitungen dürfen nur durch Bogenstücke erfolgen.
- ☐ Abzweige in Grundleitungen dürfen maximal im 45°-Winkel erfolgen.
- ☐ Doppelabzweige in Grundleitungen sind nicht zulässig.
- ☐ Steinzeugrohre unter Kellerfußböden mit mindestens 15 Zentimetern Erdüberdeckung verlegen.
- ☐ Bei möglicher Belastung der Rohre Grauguss oder Stahl verwenden.
- ☐ Verfüllung von Rohrgräben nur mit Sand oder Kies.
- ☐ Lassen Sie die Fundamente vor dem Betonieren vom Architekten, Bauleiter oder Statiker abnehmen (Breite, Tiefe, Lage, Bewehrung) und ein Protokoll anfertigen.
- ☐ Prüfen Sie, ob kapillarbrechende Schicht und PE-Folie ordnungsgemäß eingebracht wurden.
- ☐ Um die Bewehrung der Bodenplatte besser legen zu können, empfiehlt sich das Einbringen einer Sauberkeitsschicht (etwa fünf Zentimeter Magerbeton). Besprechen Sie diesen Punkt mit Ihrem Architekten/Bauleiter oder Statiker. Prüfen Sie, ob die Sohle um dieses Maß tiefergelegt wurde.
- ☐ Kontrollieren Sie vor dem Betonieren, ob ein Fundamenterder eingelegt wurde. Die Anschlussfahne ist im Hausanschlussraum vorzusehen. Der Fundamenterder wird mit metallenen Brauchwasserleitungen, metallenen Abwasserleitungen, der zentralen Heizungsanlage, Gasinstallation, Antennenanlage, Fernmeldeanlage und, wenn vorhanden, der Blitzschutzanlage verbunden.
- ☐ Ist eine Plattengründung vorgesehen, sollte die Bewehrung vom Statiker kontrolliert werden. Der Überstand der Platte über Außenkante Mauerwerk beträgt etwa 20 Zentimeter.
- ☐ Die Qualität des gelieferten Betons wird auf dem Lieferschein vermerkt. Lassen Sie sich vom Bauleiter eine Kopie dieser Lieferscheine geben. Besprechen Sie mit Ihrem Bauleiter, ob zur Ermittlung der Betongüte Probewürfel angefertigt werden müssen.
- ☐ Achten Sie auf ausreichende Verdichtung des Betons. Bei starker Sonneneinstrahlung muss die Oberfläche regelmäßig genässt werden, um Risse zu vermeiden.
- ☐ Kontrollieren Sie die Höhe der Oberkante Bodenplatte auf Übereinstimmung mit der Werkplanung. Stimmt die Plattendicke?
- ☐ Nach Fertigstellung der Fundamente prüfen, ob die Oberkante des Fundaments in der richtigen Höhe liegt. An mehreren Stellen prüfen!

Checkliste: Rohbauarbeiten – Kellergeschoss

✔ **erledigt am**

- [ ] Werden die Kelleraußenwände gemauert, muss eine Absperrung gegen aufsteigende Feuchtigkeit vorgesehen werden (jeweils ein Sperrpappestreifen im Mauerwerk, etwa 15 Zentimeter über der Kellersohle, und eine Steinschicht unter der Kellerdecke sowie 30 Zentimeter über Gelände; bei Betonwänden keine Pappe zwischen Bodenplatte und Kellerwand; Sperrpappestreifen dann im Erdgeschoss verlegen).
- [ ] Haustrennwände beispielsweise von Reihenhäusern müssen auch im Kellergeschoss durch eine Fuge getrennt werden (Schallschutz). Das fugenlose Einstellen der Schallschutzmatten muss kontrolliert werden.
- [ ] Wenn bei beheizten Räumen im Keller die Dämmung direkt unter dem Estrich liegt, sollte die erste Steinreihe der Zwischenwände einen besseren Dämmwert haben als die darüberliegenden Steine.
- [ ] Vor der Abdichtung der Kelleraußenwand alle Drahtenden, Betonnester und losen Teile entfernen. Die Verarbeitungsrichtlinien des Herstellers sind genau zu beachten.
- [ ] Vor Ausführung der Abdichtung der Kelleraußenwand muss der Übergang von Bodenplatte und Wand mit einer Hohlkehle versehen werden.
- [ ] Die Abdichtung der Wandflächen gegen seitliche Feuchtigkeit sollte etwa 30 Zentimeter über die Geländeoberfläche hinausführen.
- [ ] Die Rohrdurchführungen für die Hausanschlüsse und die Abwasserleitung müssen sorgfältig abgedichtet werden. Dafür gibt es spezielle Dichtungssätze.
- [ ] Kellerlichtschächte sollten generell eine Einbruchsicherung haben.
- [ ] Die Höhe des Lichtschachts ist so zu wählen, dass zwischen Unterkante Kellerfenster und Lichtschachtboden mindestens 15 Zentimeter Abstand bleiben.
- [ ] Nach Montage der Lichtschächte ist zu kontrollieren, ob die Abdichtung der Kelleraußenwand beschädigt wurde.
- [ ] Bei Ausführung einer Drainage muss diese vor der Verfüllung des Arbeitsraums vom Bauleiter kontrolliert werden (→ Checkliste „Drainage“, Seite 282).
- [ ] Zusätzliche Fundamente am Haus (Eingangstreppe usw.) sollten erst nach der Abdichtung der Kellerwände hergestellt werden und sind mit Fuge zur Abdichtung auszuführen.
- [ ] Vor dem Verfüllen des Arbeitsraums müssen Schutt und Bauabfälle entfernt werden.
- [ ] Wird eine konventionelle Heizungsanlage im Keller aufgestellt, müssen die Zu- und Abluftöffnungen ausreichend dimensioniert sein. Eventuelle Heizraumvorschriften beachten.
- [ ] Überprüfen Sie, ob die Querschnitte von Rauchzügen und Lüftern mit den Vorgaben des Fachingenieurs übereinstimmen.
- [ ] Im Schornstein dürfen keine Dübel, Mauerhaken, Bandeisen usw. befestigt werden. Der Schornstein darf nicht für Leitungen geschlitzt werden.
- [ ] Reinigungsöffnung im Schornstein so hoch einbauen, dass ein Eimer darunter passt.
- [ ] Brennbare Bauteile müssen mindestens 50 Zentimeter entfernt von der Reinigungsöffnung angebracht werden.
- [ ] Die Außenflächen von Schornsteinen müssen mindestens fünf Zentimeter von Konstruktionshölzern, Balken usw. entfernt sein, bei dünnwandigen Abgasschornsteinen zehn Zentimeter.
- [ ] Einbau und Höhe der Rauchrohranschlüsse beim Aufmauern mit berücksichtigen.
- [ ] An der Durchtrittsstelle zwischen Massivdecke und Schornsteinmauerwerk müssen Trennstreifen eingelegt werden.
- [ ] Fußbodenbeläge, Sockelleisten usw. müssen mindestens einen Zentimeter vom Schornstein entfernt sein.

Checkliste: Drainage

✔ **erledigt am**

- [ ] ______ Besprechen Sie die Ausführung mit Ihrem Bauleiter, und lassen Sie Detailpläne anfertigen, nach denen der Unternehmer arbeiten muss.
- [ ] ______ Drainageleitungen müssen ins Gefälle gelegt werden, mindestens eineinhalb Prozent.
- [ ] ______ Die Leitungen dürfen nicht unter der Unterkante des Fundaments liegen.
- [ ] ______ An den Gebäudeecken sind Reinigungsöffnungen vorzusehen.
- [ ] ______ Vor der Verfüllung des Arbeitsraums die Ausführung vom Bauleiter abnehmen lassen.
- [ ] ______ Zur Verfüllung geeignete, wasserdurchlässige Materialien verwenden. Vom Bauleiter abnehmen lassen!

Checkliste: Rohbauarbeiten – Obergeschosse

✔ **erledigt am**

- [ ] Wenn nicht alle Wände mit den gleichen Steinen gemauert werden, ist zu prüfen, ob das vorgesehene Material geliefert wurde. Entsprechende Angaben müssen die Werkpläne enthalten.
- [ ] Bei Temperaturen unter -3 °C darf nicht gemauert werden. Frisches Mauerwerk muss abgedeckt werden. Durch Frost beschädigtes Mauerwerk abreißen lassen.
- [ ] Bei starker Sonneneinstrahlung müssen die Steine vorgenässt werden. Frisch gemauerte Wände müssen feucht gehalten werden, damit der Mörtel abbinden kann.
- [ ] Wände und Decken zwischen beheizten und unbeheizten Räumen müssen gedämmt werden (auch zwischen beheizten und unbeheizten Kellerräumen). Anhand der Lieferscheine prüfen, ob die Dämmung den Vorgaben entspricht (Dicke, Material, Wärmeleitfähigkeitsgruppe).
- [ ] Kontrollieren Sie regelmäßig mit einer großen Wasserwaage, ob Ecken, Türlaibungen, Wände, Pfeilervorlagen sowie der Schornstein senkrecht gemauert sind. Durch Messen der Raumdiagonalen können Sie feststellen, ob die Wände rechtwinklig zueinander stehen.
- [ ] Prüfen Sie durch Vergleich mit den Werkplänen, ob alle Wandschlitze und Wanddurchbrüche vorhanden sind, sowie deren Lage und Größe.
- [ ] Prüfen Sie durch Vergleich mit den Werkplänen, ob die Wände in den vorgeschriebenen Dicken gemauert wurden.
- [ ] Vergleichen Sie regelmäßig alle Maße wie Wandlängen, Öffnungsmaße, Anschläge, Raumhöhen, Brüstungshöhen, Sturzhöhen, Lage von Fenstern und Türen, Deckendurchbrüche auf Übereinstimmung mit der Werkplanung.
- [ ] Alle tragenden Wände werden raumhoch gemauert. Alle nicht tragenden Wände werden bis auf die letzte Steinschicht gemauert, damit sie beim Betonieren der Decke nicht belastet werden.
- [ ] Stoßen Wände aneinander, müssen sie miteinander verzahnt oder Maueranker müssen eingebaut werden. Schlechte Wandverbindungen führen zu Rissbildung und Putzschäden.
- [ ] Giebel- und Zwischenwände im Dachgeschoss müssen auf der Oberseite (beim Anschluss an das Dach) gedämmt werden.
- [ ] Oberste Geschossdecken unter nicht begehbaren Dachräumen müssen wärmegedämmt werden.
- [ ] Haustrennwände bei Doppel- und Reihenhäusern müssen besonders sorgfältig hergestellt werden (Vermeidung von Schallbrücken). Die Fugen zwischen den Haustrennwänden müssen vollflächig mit Dämmung gefüllt werden.
- [ ] Brandwände und Haustrennwände müssen bis unmittelbar unter die Dachhaut geführt werden. Lassen Sie sich ein Ausführungsdetail zeigen, an dem Sie die Ausführung der Wärmedämmmaßnahmen in diesem Bereich sehen können.
- [ ] Schlitze und Durchbrüche erst schließen lassen, wenn die Installation der Haustechnik abgeschlossen und freigegeben wurde.
- [ ] Fensterbrüstungen müssen in einem Arbeitsgang mit dem Außenmauerwerk erstellt und dürfen nicht nachträglich aufgemauert werden (Gefahr der Rissbildung).
- [ ] Unter Fensterbänken muss eine Folie als Feuchtigkeitssperre eingebaut werden.
- [ ] Rollladenkästen müssen in wärmegedämmter Ausführung eingebaut werden. Vergleichen Sie mit den Werkplänen, ob die Gurtwicklerkästen auf der richtigen Seite eingebaut wurden.
- [ ] Lassen Sie nach dem Einschalen der Decke die Raumhöhe prüfen. Lassen Sie vor dem Betonieren vom Statiker oder Bauleiter prüfen, ob die Bewehrung ordnungsgemäß verlegt und ob alle Durchbrüche angelegt wurden.
- [ ] Zwischen der Oberseite des Mauerwerks und der Betondecke muss vor dem Betonieren eine Folie als Gleitlager ausgelegt werden.

Checkliste: Rohbauarbeiten – Obergeschosse (Fortsetzung)

✔ **erledigt am**

- [ ] Werden im darüber liegenden Geschoss Stahlbetonstützen betoniert, müssen an diesen Stellen Anschlusseisen aus der Decke ragen.
- [ ] Bei der Ausführung von Sicht- oder Verblendmauerwerk müssen die Fugen vorn beim Aufmauern etwa eineinhalb Zentimeter ausgekratzt werden, damit ausreichend Platz für das spätere Verfugen mit Fugenmörtel bleibt. Vor dem Verfugen vornässen, auf steinbündiges Mauern achten!
- [ ] Bei Verblendmauerwerk kontrollieren, ob Dehnungsfugen vorgesehen wurden, und deren Lage mit dem Bauleiter besprechen.
- [ ] Bei Verblendmauerwerk müssen unten in der ersten Steinreihe offene Stoßfugen als Entwässerungsöffnung angelegt werden. Bei Wandaufbau mit Luftschicht untere und obere Lüftungsöffnungen anlegen, auch unter Brüstungen und über Stürzen.
- [ ] Ab sieben Zentimetern Schalenabstand ist das Verblendmauerwerk mit nicht rostenden Drahtankern zu verbinden.
- [ ] Vor dem Einsetzen der Innenfensterbänke unter den Fenstern etwa zwei Zentimeter dämmen, um Wärmebrücken zwischen Außen- und Innenfensterbank zu vermeiden.
- [ ] Werden Pfeiler nur in der zulässigen Mindestbreite ausgeführt, sind keine Aussparungen oder Schlitze zulässig (Steckdosen, Gurtroller). Sind solche Aussparungen notwendig, dann muss die Ausführung des Pfeilers in Stahlbeton erfolgen. Besprechen Sie diesen Punkt mit Ihrem Bauleiter.
- [ ] Besprechen Sie mit dem Bezirksschornsteinfegermeister, wie der Schornsteinkopf ausgebildet werden muss und wie der Zugang zum Reinigen des Kamins ermöglicht werden soll.
- [ ] Sparrenköpfe in Brandwänden sind, soweit überhaupt zulässig, mit Metall zu schützen.
- [ ] Binden Holzstützen des Dachtragwerks in das Mauerwerk ein, sind sie vorher mit Bitumenpappe zu umwickeln. Vor dem Verputzen mit Ölpapier überdecken und mit Streckmetall überspannen.

Checkliste: Zimmererarbeiten

✔	**erledigt am**	
☐		Prüfen Sie bei der Anlieferung, ob Holzart, Oberflächenqualität (sägerau oder gehobelt) und Verarbeitung (lackiert, lasiert, Holzschutz usw.) stimmen. Lassen Sie sich bei Anlieferung das Zertifikat über die Art des Holzschutzes geben.
☐		Wird der Holzschutz bei Regen ausgewaschen (farbige Lachen auf der obersten Geschossdecke), verlangen Sie Nachbesserung durch Nachstreichen oder Nachspritzen.
☐		Kontrollieren Sie, ob die Holzquerschnitte mit den statischen Vorgaben in den Plänen des Statikers übereinstimmen.
☐		Die Kniestockhöhen müssen vor Ausführung der Zimmererarbeiten kontrolliert werden.
☐		Die Auflagerhöhen für Mittelpfette und Firstpfette müssen kontrolliert werden.
☐		Die genauen Sparrenlängen und Dachüberstände an Traufe und Ortgang müssen mit dem Dachdecker entsprechend der Größe der Dachpfannen abgestimmt werden.
☐		Der Dachstuhl muss fluchtgerecht ausgeführt werden (Firstlinie parallel zur Außenwand).
☐		Der Mindestabstand von Balken und Wechseln zum Schornstein beträgt fünf Zentimeter.
☐		Sind Antennen- und Satelliten-Empfangsanlagen auf dem Dach geplant, sollten im Dachstuhl Befestigungsmöglichkeiten vorgesehen werden. Bei Bedarf zusätzliche Konstruktionshölzer anbringen lassen.
☐		Die Ausführung der Kehlen muss zwischen dem Zimmermann und dem Klempner im Detail abgestimmt werden.
☐		Grundsätzlich sollten rostfreie Nägel aus Edelstahl verwendet werden. Verzinkte Nägel rosten, weil die Verzinkung durch den Hammerschlag beschädigt wird.
☐		Alle Metallteile müssen gegen Korrosion geschützt sein.
☐		Kontrollieren Sie, ob alle Holzverbindungen ordnungsgemäß eingebaut, alle Bolzen stramm angezogen und alle Ankerbolzen einbetoniert wurden.
☐		Die Länge der Nägel richtet sich nach der Statik. Um ein Herausschieben der Nägel durch Quellen und Schwinden des Holzes zu vermeiden, müssen die Nägel mindestens doppelt so lang sein wie die zu befestigenden Latten, gegebenenfalls auch Rispennägel.
☐		Kontrollieren Sie, ob die Schalung der Dachüberstände den Vorgaben der Leistungsbeschreibung entspricht (Material, Dicke, Oberflächenbehandlung). Die Befestigung erfolgt auf jedem Auflager mit mindestens zwei Nägeln.
☐		Es dürfen keine Schalbretter verwendet werden, die Astlöcher von mehr als zwei Zentimetern Durchmesser haben.
☐		Bei Verwendung von Spanplatten als Dachschalung vom Unternehmer den Nachweis über die Zulässigkeit des Materials geben lassen (zum Beispiel Verwendung von Spanplatten V 100 G).
☐		Nur getrocknetes und abgelagertes Bauholz verwenden. Dies gilt insbesondere für Verschalungen. Die relative Feuchte sollte bei maximal 12 bis 14 Prozent liegen. Lassen Sie sich das vom Lieferanten bestätigen.

Checkliste: Dachdeckerarbeiten – Steildach

✔ **erledigt am**

- ☐ Prüfen Sie, ob es behördliche Auflagen zum Dachüberstand gibt.
- ☐ Prüfen Sie, ob im Bebauungsplan für die Dachdeckung ein bestimmtes Material oder eine bestimmte Farbgebung vorgeschrieben wird.
- ☐ Falls vertraglich nichts anderes vereinbart wurde, sollten Sie bei Ziegeldeckung nur Ziegel erster Wahl benutzen.
- ☐ Lassen Sie sich ausreichend Reservepfannen liefern, auch von den Sondersteinen am First und Ortgang (Sondersteine je etwa fünf bis sechs Stück, Reservepfannen etwa 20 bis 25 Stück).
- ☐ Alle Befestigungsmittel, Schneefanggitter, Dachhaken, Sturmklammern, Nägel usw., müssen korrosionsgeschützt sein.
- ☐ An Ortgang, First und Grat sollten zusätzlich Sturmsicherungen angebracht werden.
- ☐ Bei flach geneigten Dächern sollten die Ziegel zusätzlich gesichert werden.
- ☐ Von der Traufe bis zum First muss für genügend Belüftung des Dachstuhls gesorgt sein. Achten Sie darauf, dass ausreichend Lüftungsziegel eingebaut werden, wenn die Dachkonstruktion das erfordert.
- ☐ Die Lüftungsöffnungen müssen mit Lüftungsgittern versehen werden, damit keine Insekten eindringen können.
- ☐ Wenn an der Außenwand im Ortgangbereich noch Bekleidungen, Putze oder Bleche angebracht werden, muss der Überstand der Ortgangziegel darauf abgestimmt sein.
- ☐ Prüfen Sie, wie die Firste und Grate befestigt wurden (trocken oder im Mörtelbett). Lassen Sie sich bei trockener Verlegung die Herstellervorschrift zeigen und kontrollieren Sie die Ausführung.
- ☐ Achten Sie auf ordnungsgemäßen Einbau der Unterspannbahn. Die einzelnen Bahnen müssen etwa 15 Zentimeter überlappen. Lassen Sie diffusionsoffene Unterspannbahnen einbauen.
- ☐ Die letzte Bahn soll ungefähr 15 Zentimeter unterhalb des Firsts enden, damit das Dach ausreichend entlüften kann.
- ☐ Achten Sie darauf, dass die Unterspannbahn unbeschädigt ist.
- ☐ Die Unterspannbahn soll in die Dachrinne entwässern. Achten Sie besonders auf die sorgfältige Ausführung des Traufbereichs.
- ☐ Die Dachrinnen müssen von Pfannenresten gesäubert werden, wenn sie vorher montiert wurden.

Checkliste: Dachdeckerarbeiten – Flachdach

✔	erledigt am	
☐		Besprechen Sie mit dem Unternehmer die Schichtenfolgen des Dachaufbaus.
☐		Wird das Gefälle zu den Dachentwässerungsöffnungen durch Gefälle des Untergrunds erzeugt, sind die Richtung und ausreichende Neigung (zwei Prozent) zu prüfen.
☐		Wird das Gefälle zu den Entwässerungsöffnungen durch Gefällekeile der Dämmung erzeugt, muss im Bereich des Einlaufs die Mindestdämmdicke vorhanden sein (etwa zehn Zentimeter) und von dort aus die Dämmschicht zu den Rändern dicker werden.
☐		Es sollten mindestens zwei Einläufe oder ein Notüberlauf vorhanden sein.
☐		Der Untergrund des Flachdachs muss vor dem Verlegen der Dampfsperre sorgfältig gesäubert werden.
☐		Die sorgfältige Ausführung und Dichtigkeit der Dampfsperre unterhalb der Dämmung ist zu kontrollieren, damit die Dämmung nicht durch Kondensatbildung durchnässt wird.
☐		Kontrollieren Sie anhand der Verpackungszettel und Lieferscheine, ob die Dämmung in Dicke und Wärmeleitfähigkeit den Vorgaben entspricht.
☐		Die Dämmung muss passgenau und ohne Lücken verlegt werden.
☐		Die Dämmung nur bei trockenem Wetter auf trockenem Untergrund verlegen.
☐		Die Stöße der Dichtungsbahnen müssen sich ausreichend überdecken (etwa 15 Zentimeter), die Nähte sollten den Wasserablauf zu den Einläufen nicht behindern.
☐		Bei Temperaturen um den Gefrierpunkt sollten keine Klebearbeiten ausgeführt werden.
☐		Prüfen Sie, ob alle Dachdurchdringungen (Schornstein, Entlüftungsrohre usw.) sorgfältig abgeklebt wurden.
☐		Kontrollieren Sie, ob nach Aufbringen der Abdichtung die Gefällerichtung zu den Einläufen vorhanden ist und ein ausreichendes Gefälle (zwei Prozent) besteht.
☐		Beim Übergang zwischen Dachfläche und Attika muss ein Keil eingesetzt werden, damit die Abdichtungsbahn nicht geknickt wird.
☐		Kontrollieren Sie, ob die Oberkante der Attika mindestens 15 bis 20 Zentimeter höher ist als die Oberkante der Dachabdichtung.
☐		Wird eine Dachterrasse gebaut, ist darauf zu achten, dass die Belastung der Abdichtung nicht zu groß ist und die Abdichtung nicht verletzt werden kann.
☐		Bei Dachbegrünung vor Auftragsvergabe den Statiker über das Begrünungssystem informieren und bestätigen lassen, dass dieser Dachaufbau bei der statischen Berechnung berücksichtigt wurde.
☐		Bei Dachbegrünung von der ausführenden Firma bestätigen lassen, dass die Pflanzenauswahl auf das Begrünungssystem abgestimmt wurde.
☐		Bei Dachbegrünungen muss eine Wurzelschutzbahn über der Abdichtung verlegt werden. Die einzelnen Bahnen müssen sich etwa 15 Zentimeter überlappen.
☐		Kontrollieren Sie bei Kiesschüttungen anhand des Lieferscheins, ob die Körnung der Kiesschicht stimmt.
☐		Kontrollieren Sie, ob die Dicke der Kiesschicht bei der statischen Berechnung berücksichtigt wurde.
☐		Bei Schweißarbeiten an brennbaren Bauteilen müssen Brandschutzmaßnahmen getroffen werden, und nach Abschluss der Arbeiten muss für einige Stunden eine Feuerwache auf der Baustelle bleiben.
☐		Wird die Arbeit längere Zeit unterbrochen, muss bei der Wiederaufnahme die Dachoberfläche auf Schäden untersucht werden.
☐		Nach dem Ende der Arbeiten ist zu kontrollieren, ob die Dacheinläufe gereinigt wurden und ob Wasser ungehindert abfließen kann.

Checkliste: Klempner- oder Blechnerarbeiten

✔ **erledigt am**

- [ ] Kontrollieren Sie die Blechstärken, wenn eine bestimmte Dicke vereinbart wurde.
- [ ] Werden verzinkte Eisenbleche auf der Baustelle geschnitten, müssen die Schnittkanten gegen Korrosion geschützt werden.
- [ ] Übergänge zu anderen Materialien (zum Beispiel verputzte Fassade) müssen sorgfältig hergestellt worden sein.
- [ ] Unterschiedliche Metalle dürfen niemals mit Kontakt verarbeitet werden, sonst besteht die Gefahr besonders aggressiver Kontaktkorrosion.
- [ ] Bei Zinkarbeiten darf nur verzinktes Befestigungsmaterial, bei Kupferarbeiten nur Befestigungsmaterial aus Kupfer verwendet werden. Kontrollieren Sie, ob die richtigen Schrauben und Nägel verwendet wurden.
- [ ] Bei Regenrinnen über sieben Metern Länge muss ein Dehnungsausgleich eingearbeitet sein.
- [ ] Wurden die Regenrinnen durchgehend mit Gefälle zu den Abläufen verlegt? Es darf kein Wasser in der Rinne stehen bleiben.
- [ ] Die Rinnenvorderkante sollte tiefer als die Rinnenhinterkante sein, damit bei Verstopfung das Wasser vorn überläuft und nicht in die Verschalung der Traufe.
- [ ] Steildach: Prüfen Sie, ob die Unterspannbahn auf das Traufblech geführt wird, ohne dass sie durchhängt. Dort kann sich sonst Wasser sammeln.
- [ ] Flachdach: Ist die Dämmung seitlich an der Attika hinaufgeführt, sollte auch die Oberkante der Attika gedämmt sein, um Wärmebrücken weitestgehend zu vermeiden.
- [ ] Sind Brüstungsabdeckungen und Attikaverwahrungen mit Gefälle nach innen ausgebildet, damit abgelagerter Schmutz nicht vom Regen auf die Fassade gespült wird?
- [ ] Abdeckungen müssen ausreichend überstehen (mindestens zwei Zentimeter) und eine ausgebildete Tropfkante haben.
- [ ] Walzbleianschlüsse an Dachflächen müssen der Dachform sorgfältig angepasst sein.
- [ ] Wenn die Dachentwässerung innerhalb des Hauses verläuft, müssen die Leitungen gegen Schwitzwasser gedämmt werden.
- [ ] Bevor die an der Wand hochgeführten Abdichtungsbahnen mit Blechen verkleidet werden, ist unbedingt zu kontrollieren, ob die Abdichtung unbeschädigt ist.
- [ ] Unter Fensterbänken mit Metallblechen sollte ebenfalls gedämmt werden, um Wärmebrücken zu vermeiden.
- [ ] Alle Blechverkleidungen müssen gegen Windangriff und Windsog gesichert werden.

Checkliste: Fensterarbeiten

✔ **erledigt am**

- [ ] Kontrollieren Sie vor dem Aufmaßtermin mit dem Fensterbauer die Größen der vom Rohbauer erstellten Fensteröffnungen.
- [ ] Messen Sie die Brüstungshöhen nach, und prüfen Sie, ob die Öffnungen waagerecht und lotrecht gemauert sind.
- [ ] Beim Aufmaßtermin müssen Ansichtspläne (I Seite 221 f.) vorliegen, in denen die Aufschlagrichtungen der einzelnen Fensterelemente eingezeichnet sind.
- [ ] Besprechen Sie detailliert jedes einzelne Fenster (zum Beispiel Öffnungsrichtung, wo feste Verglasung, Stulp oder Pfosten bei doppelflügeligen Fenstern usw.).
- [ ] Besprechen Sie, ob bei Fenstertüren die Türschwellen vom Maurer ausgeführt werden oder ob der Fensterbauer den Rahmen im unteren Bereich aufdoppelt.
- [ ] Wird beim Aufmaßtermin von der aktuellen Werkplanung abgewichen, lassen Sie sich zur Kontrolle nochmals Ansichtszeichnungen der einzelnen Fenster mit allen Eintragungen zukommen.
- [ ] Werden die Rahmen in Sonderfarben ausgeführt, lassen Sie sich schon bei Vertragsschluss ein Farbmuster geben, und vergleichen Sie den Farbton vor dem Einbau der Fenster.
- [ ] Kontrollieren Sie jedes Fenster auf Übereinstimmung mit den Vorgaben (Öffnungsrichtung, Öffnungsart, Fensteraufteilung usw.).
- [ ] Für Glasfüllungen im Brüstungsbereich muss Sicherheitsglas verwendet werden.
- [ ] Lassen Sie sich das Prüfzeugnis der Verglasung vorlegen (Wärmedämmwert, Schallschutzklasse).
- [ ] Beim Einbau der Fenster ist darauf zu achten, dass alle Räume zwischen Fenster und Mauerwerk sorgfältig abgedichtet wurden.
- [ ] Prüfen Sie mit der Wasserwaage, ob die Fenster waagerecht und lotrecht eingebaut wurden.
- [ ] Die Öffnungsflügel müssen in jeder Position stehenbleiben (wenn sich das Fenster nach dem Öffnen von selbst wieder schließt, muss nachjustiert werden).
- [ ] Prüfen Sie, ob sich alle Öffnungsflügel ordnungsgemäß öffnen und schließen lassen, ohne dass der Schließmechanismus hakt oder der Flügel am Rahmen streift.
- [ ] Bei der Abnahme sollten die Scheiben gereinigt sein, damit Sie Beschädigungen am Glas erkennen können.
- [ ] Prüfen Sie die ordnungsgemäße Versiegelung aller Glasscheiben.
- [ ] Achten Sie auch darauf, dass der Scheibenzwischenraum weder beschlagen noch verschmutzt ist (Hinweis auf Schaden an der umlaufenden Verfugung oder Sprung im Glas).
- [ ] Kontrollieren Sie alle Rahmenteile auf Kratzer oder andere Beschädigungen.
- [ ] Werden abschließbare Fenstergriffe eingebaut, zählen Sie die Schlüssel nach.
- [ ] Achten Sie darauf, dass alle Lippendichtungen in die Öffnungsflügel eingebaut sind.

Checkliste: Rollladenarbeiten

✔ **erledigt am**

- [ ] Der Rollladenkasten muss wärmegedämmt sein, wenn er nicht vor die Fassade gesetzt wird. Kontrollieren Sie den Wärmedämmwert (U-Wert) im Prüfzeugnis.
- [ ] Die Revisionsklappe muss ebenfalls gedämmt sein, wenn der Rollladenkasten im Mauerwerk montiert wird.
- [ ] Lassen Sie sich bei Kunststoffrollläden das Prüfzeugnis vorlegen.
- [ ] Prüfen Sie, ob die Lamellengröße mit den Vorgaben der Leistungsbeschreibung übereinstimmt.
- [ ] Achten Sie darauf, dass die Farbe des Rollladenpanzers mit der ausgewählten Farbe übereinstimmt.
- [ ] Prüfen Sie, ob das Gurtwicklerband beziehungsweise die Kurbel auf der richtigen Seite des Fensters ist (in den Werkplänen muss eine entsprechende Eintragung vorhanden sein).
- [ ] Kontrollieren Sie, ob alle Gurtwickler in der gleichen Höhe angebracht wurden.
- [ ] Das Gurtwicklerband muss lotrecht an der Fensterlaibung geführt werden. Klären Sie bei elektrischen Rollläden, ob ein Nothandbetrieb vorgesehen ist und wie er funktioniert.
- [ ] Der Rollladen muss sich vollständig öffnen und schließen lassen, ohne zu haken, und in jeder Stellung zu arretieren sein.
- [ ] Die Lamellen müssen waagerecht abgewickelt werden (Wasserwaagentest).
- [ ] Der Rollladen darf beim Aufwickeln nicht an der Dämmung streifen.
- [ ] Die Lamellen dürfen kein zu großes Spiel in den Rollladenführungsschienen haben, sonst klappern sie bei Wind.
- [ ] Die Lamellen müssen gegen seitliches Verschieben gesichert sein, damit sich der Rollladen bei Bedienung nicht verhakt.
- [ ] Kontrollieren Sie, ob die Einbruchsicherung (wenn vorhanden) funktioniert, indem Sie von außen die Lamellen im geschlossenen Zustand hochzuschieben versuchen.
- [ ] Die Revisionsklappe des Rollladenkastens sollte gut zugänglich sein, damit bei Reparaturen keine Anschlussbauteile beschädigt werden.

Checkliste: Wärmedämmverbundsystem

✔ **erledigt am**

- [ ] ______ Vor Beginn der Arbeiten sollte geprüft werden, ob der Untergrund eben und lotrecht hergestellt wurde und ob die Fenster lotrecht und parallel zur Außenwand eingebaut wurden.
- [ ] ______ Lassen Sie ebenfalls noch vor Beginn der Arbeiten den Feuchtigkeitsgehalt der Wände messen und sich schriftlich bestätigen, dass dieser gemäß den Verarbeitungsrichtlinien nicht zu hoch ist.
- [ ] ______ Klären Sie, ob dem Unternehmer zu allen besonderen Punkten am Gebäude Ausführungsdetails vorliegen.
- [ ] ______ Bei sehr kalten Temperaturen sollte nicht geklebt werden. Herstellervorschrift beachten.
- [ ] ______ Überprüfen Sie auf der Verpackung der Dämmung, ob die geforderten Eigenschaften vorliegen (Dicke, Wärmeleitfähigkeit, Material usw.).
- [ ] ______ Klären Sie, ob an bestimmten Stellen Dehnungsfugen notwendig sind.
- [ ] ______ Kontrollieren Sie, ob die Dämmplatten nach Herstellervorschrift befestigt wurden.
- [ ] ______ Prüfen Sie, ob die Profile nach Herstellervorschrift befestigt wurden.
- [ ] ______ Prüfen Sie, ob der vorgeschriebene Klebemörtel verwendet wurde.
- [ ] ______ Wenn der Keller nicht gedämmt wird, sollte die Dämmung des Sockelbereichs mindestens 60 Zentimeter unter Bodenniveau reichen.
- [ ] ______ Kontrollieren Sie, ob der Sockelbereich nach den Vorgaben des Leistungsverzeichnisses hergestellt wurde.
- [ ] ______ Prüfen Sie, ob auch unter den Fensterbänken gedämmt wurde.
- [ ] ______ Beim Anschluss der Dämmung an den Fensterrahmen ist auf luftdichte Ausführung nach den Herstellervorgaben zu achten.
- [ ] ______ Achten Sie darauf, dass nirgendwo neue Wärmebrücken entstehen (zum Beispiel bei der Montage eines Vordachs).
- [ ] ______ Vor dem Verputzen sollte kontrolliert werden, ob die erforderlichen Gewebebänder vorhanden sind und die Überlappung der Herstellervorschrift entspricht.
- [ ] ______ Lassen Sie sich einige Putz- und Farbmuster anfertigen, bevor die ganze Fassade verputzt wird.

Checkliste: Außenputzarbeiten

✔ **erledigt am**

- [ ] Klären Sie mit dem Unternehmer, ob der Putzgrund (zum Beispiel porosierte Leichtziegel oder Leichtbetonsteine) besondere Anforderungen an das Putzsystem stellt. Glatte Außenwandflächen, beispielsweise aus Beton, müssen vorbereitend mit einem Putzträger oder Spritzbewurf versehen werden.
- [ ] Bei Frostgefahr oder drohendem Regen sollte nicht mit den Putzarbeiten begonnen werden.
- [ ] Kontrollieren Sie den winddichten Anschluss an Fenster- und Türrahmen durch spezielle Profile.
- [ ] An allen Außenecken, Laibungen und unteren Abschlüssen zum Sockelputz müssen Profile gesetzt werden.
- [ ] Die Ecken von Wandöffnungen müssen mit Gewebeband oder Streckmetall gegen Rissbildung geschützt werden.
- [ ] Fenster- und Türelemente müssen sorgfältig vor Verschmutzungen geschützt werden.
- [ ] Lassen Sie ein oder mehrere Putzmuster anfertigen, bevor der Oberputz aufgetragen wird.
- [ ] Schützen Sie frisch verputzte Flächen vor zu schneller Austrocknung durch Zugluft oder direkte Sonneneinstrahlung.
- [ ] Lassen Sie nach dem Verputzen den Schutz entfernen, und kontrollieren Sie die Fenster und Türen auf Schäden.

Checkliste: Klinkerarbeiten

✔ **erledigt am**

- ☐ Wenn es für die Ausführung der Klinkerarbeiten spezielle Detailpläne gibt, müssen diese vor Ausführungsbeginn in der aktuellen Version vorliegen.
- ☐ Lassen Sie sich eine ausreichende Menge Verblendsteine einer Charge beim Lieferanten zurücklegen, die Sie dann Zug um Zug abrufen können.
- ☐ Lassen Sie zunächst die erste Steinreihe auslegen. Dieses Verlegemuster muss anschließend kontrolliert werden.
- ☐ Beim Aufmauern der Verblendsteine müssen Steine aus unterschiedlichen Paletten gemischt werden, um ein einheitliches Farbbild zu erreichen.
- ☐ Kontrollieren Sie regelmäßig mit einer großen Wasserwaage, ob Ecken, Laibungen und Wandflächen lotrecht angelegt werden.
- ☐ Bei Temperaturen unter -3 °C darf nicht gemauert, frisches Mauerwerk muss abgedeckt werden. Durch Frost beschädigtes Mauerwerk abreißen lassen.
- ☐ Bei starker Sonneneinstrahlung müssen die Steine vorgenässt, frisch gemauerte Wände müssen feucht gehalten werden, damit der Mörtel abbinden kann.
- ☐ Bei der Ausführung von Sicht- oder Verblendmauerwerk müssen die Fugen vorn beim Aufmauern etwa eineinhalb bis zwei Zentimeter ausgekratzt werden, damit Platz für das spätere Verfugen mit Fugenmörtel bleibt. Vor dem Verfugen vornässen. Auf steinbündiges Verfugen achten.
- ☐ Bei Verblendmauerwerk müssen unten in der ersten Steinreihe offene Stoßfugen als Entwässerungsöffnungen angelegt werden. Bei Wandaufbau mit Luftschicht untere und obere Lüftungsöffnungen anlegen, auch unter Brüstungen und über Stürzen.
- ☐ Stoßfugen als Lüftungs- und Entwässerungsöffnungen müssen frei von Mörtelresten sein.
- ☐ Bei Verblendmauerwerk kontrollieren, ob Dehnungsfugen vorgesehen wurden, und deren Lage mit dem Bauleiter besprechen.
- ☐ Die vorgesehenen Dehnungsfugen müssen durchgehend ausgeführt werden.
- ☐ Das Verblendmauerwerk sollte grundsätzlich mit nicht rostenden Drahtankern mit dem tragenden Mauerwerk verbunden werden.
- ☐ Unter Fensterbänken muss eine Folie als Feuchtigkeitssperre eingebaut werden.
- ☐ Oberhalb von Fensteröffnungen müssen Feuchtigkeitssperren eingebaut und seitlich in der Stoßfuge hochgeführt werden.
- ☐ Achten Sie darauf, dass die Feuchtigkeitssperren unterfüttert sind, damit sie nicht durchhängen.
- ☐ Feuchtigkeitssperren müssen mit Gefälle nach außen verlegt werden.

Checkliste: Holzverschalungsarbeiten

✔ **erledigt am**

- ☐ Schließen Sie eine Anlieferung von Schalungsholz bei Regen aus.
- ☐ Kontrollieren Sie, ob die richtige Holzart in der vereinbarten Oberflächenqualität (sägerau oder gehobelt) und Verarbeitung (lackiert, lasiert usw.) geliefert wurde.
- ☐ Lassen Sie sich eine Bescheinigung des Unternehmers zur Holzfeuchte des gelieferten Schalungsholzes aushändigen und diese durch Ihren Bauleiter überprüfen.
- ☐ Stellen Sie sicher, dass nur Edelstahlschrauben zur Montage verwendet werden. Lassen Sie sich gegebenenfalls ein Muster aushändigen.
- ☐ Bei Montage von Lattungen und etwaigen Konterlattungen muss der Untergrund absolut trocken sein.
- ☐ Bei offenen Holzschalungen sollte vor Fassadenmontage die Wetterhaut auf mögliche Schäden untersucht werden. Die Bahnen müssen auch gut überlappen und dicht sein.
- ☐ Die Verschraubung der Lattung und gegebenenfalls Konterlattung an Massivwänden sollte mit Dübeln erfolgen und darf keine Isolierungen oder Ähnliches beschädigen.
- ☐ Achten Sie darauf, dass bei Montage der Lattung und gegebenenfalls Konterlattung auf Holzkonstruktionen keine darunterliegenden Folien verletzt werden.
- ☐ Der Abstand der Lattungen und gegebenenfalls Konterlattungen untereinander darf nicht zu groß sein.
- ☐ Die Lattung und eventuell Konterlattung muss so angebracht sein, dass eine gute Hinterlüftung der Holzverschalung jederzeit gegeben ist (senkrechter, durchgängiger Luftzug mit Lufteintritts- und Luftaustrittsöffnungen, Mindestabstand zur Hauswand 20 Millimeter).
- ☐ Unterbinden Sie eine Montage von Holzverschalungen bei Regen.
- ☐ Bei Stülpschalungen müssen Schalungsbretter so montiert werden, dass sie um mindestens 12 Prozent ihrer Breite beziehungsweise mindestens zehn Millimeter überlappen.
- ☐ Fenster- und Türlaibungen müssen so ausgebildet sein, dass sich nirgendwo Wasser sammeln oder gar in die Holzverschalung eintreten kann. Brüstungs- und Schwellenoberflächen sollten mit einer Metallverkleidung mit Tropfkante versehen sein.
- ☐ Gebäudeecken müssen gut verkleidet sein, entweder durch eine Winkelstülpleiste oder durch eine Schattenfugen-Winkelleiste (→ Seite 314). Bei offenen Schalungen kann an dieser Stelle auch ein sauberer Gehrungsschnitt der Verschalungsleisten erfolgen.
- ☐ Im Sockelbereich sollte die Holzverschalung nicht näher als 30 Zentimeter an das Erdreich heranreichen.
- ☐ Prüfen Sie mit der Wasserwaage die lotrechte oder waagerechte Montage der Verschalungsbretter.
- ☐ Achten Sie darauf, dass bei den Luftein- und -auslässen Insektenschutzgitter aus Edelstahl oder Kunststoff montiert sind.
- ☐ Lassen Sie sich leere Dosen oder Restgebinde der verwendeten Behandlungsstoffe wie Lasuren, Lacke oder Ähnliches aushändigen, damit Sie später kleine Nachbesserungen ausführen können.

Checkliste: Heizungsarbeiten

✔ **erledigt am**

- [ ] ______ Besprechen Sie mit Ihrem Bauleiter, ob es besondere Auflagen für den Heizraum gibt (zum Beispiel Zuluft der Heizungsanlage, Beschaffenheit der Wandoberflächen bei Lagerraum für Heizöl usw.).
- [ ] ______ Besprechen Sie mit dem Unternehmer die Lage des Heizkreisverteilers.
- [ ] ______ Prüfen Sie, ob der Heizkessel auf einer schallgedämmten Unterlage steht.
- [ ] ______ Klären Sie, welche weiteren Maßnahmen notwendig sind, um eine Schallübertragung beim Betrieb der Heizungsanlage zu vermeiden.
- [ ] ______ Prüfen Sie, ob die Dämmstärke der Rohre den Vorgaben entspricht und nicht zu gering ist.
- [ ] ______ Kontrollieren Sie, ob alle Befestigungsteile mit Schalldämmeinlagen versehen sind.
- [ ] ______ Lassen Sie alle Leitungen und Ventile für spätere Wartungsarbeiten beschriften.
- [ ] ______ Vor dem Schließen von Wandschlitzen oder dem Einbringen des Estrichs wird eine Dichtheitsprüfung der Leitungen durchgeführt. Lassen Sie sich das Protokoll aushändigen.
- [ ] ______ Beim Schließen von Deckendurchstoßpunkten zwischen getrennten Wohneinheiten sind die Brandschutz- und Schallschutzrichtlinien zu beachten (wurden Rauchschellen eingesetzt?).
- [ ] ______ Bei Heizkörpermontage: Prüfen Sie, ob die Abstände der Heizkörper zu Wand und Boden mit den Vorgaben des Herstellers übereinstimmen (Rohbodenabstand/Fertigbodenabstand beachten).
- [ ] ______ Vergleichen Sie die Größe der Heizkörper mit den Vorgaben aus dem Leistungsverzeichnis.
- [ ] ______ Kontrollieren Sie die Funktionsfähigkeit der Heizkörperventile.
- [ ] ______ Bei Fußbodenheizung: Achten Sie darauf, dass nach der Rohrverlegung der Fußbodenheizung niemand auf den Rohren herumläuft, bis der Estrich eingebracht wurde.
- [ ] ______ Bei Verlegung der Fußbodenheizung darauf achten, dass die Räume einzeln geregelt werden können; in größeren Räumen ist eine zusätzliche Unterteilung sinnvoll (zum Beispiel Wohnbereich und Essbereich im Wohnzimmer trennen).
- [ ] ______ Vergleichen Sie spätestens bei der Abnahme die eingebaute Heizungsanlage mit allen Vorgaben aus der Leistungsbeschreibung (Hersteller, Typ, Leistung, Größe des Warmwasserspeichers usw.).
- [ ] ______ Lassen Sie die Heizungsanlage vom Schornsteinfeger abnehmen, bevor Sie die Schlussrechnung bezahlen.

Checkliste: Lüftungsanlage

✔	erledigt am	
☐		Die Dämmung der Rohre muss den Vorgaben entsprechen.
☐		Kontrollieren Sie, ob alle Befestigungsteile mit Schalldämmeinlagen versehen sind.
☐		Lassen Sie die Kanäle im Aufstellraum der Lüftungsanlage beschriften, um bei späteren Wartungsarbeiten leicht einen Überblick zu erhalten.
☐		Klären Sie, ob bei Leitungsführungen durch Wände und Decken Brandschutzbestimmungen berücksichtigt werden müssen.
☐		Vor dem Schließen von Mauerschlitzen oder dem Einbringen des Estrichs wird eine Dichtheitsprüfung der Leitungen durchgeführt. Lassen Sie sich das Protokoll aushändigen.
☐		Bei Verlegung unter dem Estrich: Achten Sie darauf, dass unter- und oberhalb der Kanäle eine Schalldämmmatte vorhanden ist.
☐		Bei Erdwärmetauschern: Leitungen im Erdreich müssen im Gefälle liegen und am tiefsten Punkt über eine Entwässerung verfügen.
☐		Vergleichen Sie die Lüftungszentralanlage bei der Anlieferung mit den Vorgaben aus der Leistungsbeschreibung (Hersteller, Typ, Leistung usw.).
☐		Kontrollieren Sie, ob in der Lüftungsanlage ein Filter eingesetzt wurde.
☐		Kontrollieren Sie, ob eine Kassette für den Sommerbetrieb vorhanden ist.
☐		Kontrollieren Sie die Funktionsfähigkeit der Steueranlage.
☐		Lassen Sie sich das Protokoll der Anlagenjustierung vorlegen.
☐		Lassen Sie die Lüftungsanlage vom planenden Fachingenieur abnehmen, bevor Sie die Schlussrechnung bezahlen.
☐		Lassen Sie sich intensiv einweisen.

Checkliste: Sanitärarbeiten

✔	erledigt am	
☐		Wenn für die Ausführung der Fliesenarbeiten Fliesenspiegel gezeichnet werden, sollten diese jetzt vorliegen, damit die Lage der Unterputzventile (zum Absperren des Wassers) und Eckventile (zum Beispiel unter Waschbecken) darauf abgestimmt werden kann.
☐		Klären Sie, ob der Einbau des Wasserzählers, der Kanalanschluss sowie gegebenenfalls der Anschluss der Gasleitung bereits beantragt wurde.
☐		Besprechen Sie mit dem Sanitärinstallateur die Lage und Anzahl von Revisionsöffnungen.
☐		Wenn Bodeneinläufe nur selten genutzt werden, sollte mindestens ein häufig benutzter Ablauf über den Bodeneinlauf entwässern, damit der Geruchsverschluss nicht austrocknet (Geruchsbelästigung).
☐		Ein zweiter Außenanschluss zur Bewässerung des Vorgartens kann sehr sinnvoll sein.
☐		Alle Befestigungsteile müssen mit Schalldämmeinlagen versehen sein. Ihr Bauleiter muss die Dicke der Rohrdämmungen aller Leitungen im Fußbodenaufbau kontrollieren.
☐		Absperrventile müssen beschriftet sein, damit Sie bei Rohrbrüchen sofort den richtigen Absperrhahn finden.
☐		Rohrleitungen dürfen nicht in Kontakt mit Mauerwerk, Putz, Beton, Metall kommen (Korrosion sowie Schallübertragung).
☐		An den Hoch- und Tiefpunkten von Steigleitungen sollten Entlüftungsventile beziehungsweise Entleerungen vorgesehen werden. Jede Steigleitung sollte getrennt absperrbar sein.
☐		Zur Vermeidung von Schwitzwasser muss die Kaltwasserleitung unter oder neben der Warmwasserleitung liegen.
☐		Entwässerungsrohre müssen über das Dach entlüftet werden.
☐		Vor und nach dem Wasserzähler sollte vom Versorgungsunternehmen ein Absperrhahn gesetzt sein, damit der Wasserzähler jederzeit ohne größeren Aufwand gewechselt werden kann.
☐		Kontrollieren Sie die Höhen der Anschlüsse für Waschtisch, WC usw., und prüfen Sie, ob der Fußbodenaufbau berücksichtigt wurde.
☐		Vor dem Schließen von Schlitzen oder dem Einbringen des Estrichs muss eine Dichtheitsprüfung durchgeführt werden. Lassen Sie sich das Protokoll aushändigen. Durchstoßpunkte von Leitungen durch Fliesenbeläge sollten mit dauerelastischem Material abgedichtet werden.
☐		Beim Schließen von Deckendurchstoßpunkten zwischen getrennten Wohneinheiten sind die Brandschutz- und Schallschutzrichtlinien zu beachten (wurden Rauchschellen eingesetzt?).
☐		Wenn später Zubehörteile – wie Handtuchhalter, Badetuchstangen, Zahnglashalter, Seifenschalen – vom Unternehmer angebracht werden, sollte gemeinsam die genaue Lage festgelegt werden.
☐		Sind die Außenanschlüsse für die Gartenbewässerung einzeln absperrbar?
☐		Duschtassen und Badewannen aus Metall sowie das Leitungsnetz müssen geerdet werden, wenn Metallgegenstände beziehungsweise -rohre für die Leitungsführung verwendet werden.
☐		Alle Sanitärobjekte müssen schallentkoppelt montiert werden.
☐		Lassen Sie sich die Prüfzeugnisse von Armaturen vorlegen, und kontrollieren Sie, ob die jeweilige Schallschutzgruppe den Vorgaben entspricht. Bei Billigprodukten entstehen erheblich höhere Fließgeräusche als bei Markenartikeln.
☐		Achten Sie darauf, dass sämtliche Leitungen durchgespült wurden, auch die Entwässerungsleitungen.
☐		Prüfen Sie, ob die Warmwasserleitung links und die Kaltwasserleitung rechts an der Mischbatterie angeschlossen wurde.

Checkliste: Elektroarbeiten

✔ **erledigt am**

- ☐ Die Lage des Hausanschlusskastens sollte gemeinsam mit den Stadtwerken beziehungsweise dem Versorgungsunternehmen festgelegt werden.
- ☐ Bestimmen Sie gemeinsam mit dem Elektriker einen günstigen Platz für den Zählerschrank.
- ☐ Die Sicherungen im Stromkasten müssen beschriftet sein. Alle Räume sollten getrennt abgesichert sein. Unter Umständen auch Anschluss für Gefriertruhe oder Kühlschrank getrennt absichern lassen.
- ☐ Achten Sie darauf, dass das vereinbarte Kabelmaterial verwendet wird (Stegleitungen oder Mantelleitungen).
- ☐ Leitungen, die später verputzt werden, müssen gemäß DIN 18015-3 in festgelegten Laufkorridoren grundsätzlich senkrecht oder waagerecht verlegt werden, damit diese Bereiche leicht nachvollzogen werden können. Machen Sie vor dem Verputzen ein Foto von allen Elektroleitungen und Leerdosen.
- ☐ Prüfen Sie, ob Leitungen für die Steuerung der Heizungsanlage eingebaut wurden (zum Beispiel vom Heizkessel zum Thermostat im Wohnzimmer oder vom Außenfühler zum Schaltschrank des Heizraumes usw.). Verlangen Sie diese Angaben von der Heizungsinstallationsfirma möglichst vor Fertigstellung der gesamten Elektroinstallation.
- ☐ Achten Sie darauf, dass Starkstromleitungen und Fernmeldeleitungen einen Abstand von mindestens zehn Zentimetern haben, um Störungen in der Telefonleitung zu vermeiden. Schwachstromkabel am besten in Leerrohren verlegen.
- ☐ Alle Leitungen müssen ausreichend befestigt sein. Freie Kabelenden müssen durch Lüsterklemmen gesichert werden.
- ☐ Keine Kabel auf Bodenbereichen (zum Beispiel Flachdächern, Terrassen) verlegen, die noch mit Bitumenschweißbahnen verklebt werden.
- ☐ Lassen Sie Leitungen auf Rohbetondecken nur in Leerrohren verlegen.
- ☐ Leerdosen müssen vor dem Verputzen mit einem farbigen Deckel versehen oder mit Papier ausgestopft werden.
- ☐ Außensteckdosen sollten von innen schaltbar sein.
- ☐ Bei fest installierten Niedervolt-Beleuchtungsanlagen gemeinsam den Ort für den Trafo festlegen.
- ☐ Beim Anschluss einer Dachantenne auf ordnungsgemäße Abdichtung der Dachdurchführung achten. Antennenstandrohre dürfen nicht am Kamin befestigt werden.
- ☐ Alle vom Elektriker hergestellten Durchbrüche und Aussparungen müssen von ihm auch wieder ordnungsgemäß verschlossen werden.
- ☐ Achten Sie darauf, dass im gefliesten Bereich Schalter und Steckdosen erst nach dem Fliesen montiert werden.
- ☐ Steckdosen und Schalter müssen in allen Räumen einheitlich hoch montiert werden: Steckdosenhöhe etwa 30 Zentimeter über Oberkante Fertigfußboden (OKFF), Schalterhöhe etwa 105 Zentimeter über OKFF. Steckdosenhöhe in der Küche mit der Höhe der Arbeitsplatte abstimmen.
- ☐ Vergleichen Sie anhand der Aufschlagrichtung der Türen im Plan, ob die Lichtschalter auf der richtigen Öffnungsseite angebracht wurden.
- ☐ Schalter sollten einen ausreichenden Abstand zu den Türlaibungen haben (etwa zehn Zentimeter).
- ☐ Zu prüfen ist, ob alle Badinstallationen geerdet wurden, ob die Sicherheitsabstände beachtet wurden und ob alle Elektroanschlüsse im Bad an eine Fehlerstrom-Schutzschaltung angeschlossen sind.
- ☐ Kontrollieren Sie raumweise die Lage und Anzahl aller Schalter und Steckdosen sowie die Lage und Anzahl der Antennenanschlüsse.

Checkliste: Blitzschutzanlage

✔ **erledigt am**

- ☐ ______ Erkundigen Sie sich frühzeitig, ob eine Blitzschutzanlage (äußerer Blitzschutz) zwingend gefordert ist oder ob deren Einrichtung in Ihrem Ermessen liegt.
- ☐ ______ Die Montage einer Blitzschutzanlage sollte nur von einer spezialisierten Fachfirma ausgeführt werden.
- ☐ ______ Wenn eine Blitzschutzanlage installiert werden soll, ziehen Sie bereits in der Planungsphase die Fachfirma hinzu.
- ☐ ______ Prüfen Sie, ob alle Metallteile im Dachbereich an die Blitzschutzanlage angeschlossen sind (zum Beispiel Antenne, Regenrohre, Verwahrungen).
- ☐ ______ Bauteile, die mehr als 30 Zentimeter aus der Dachfläche herausragen, müssen ebenfalls mit einer Fangeinrichtung versehen werden.
- ☐ ______ Lassen Sie sich nach Fertigstellung das Messprotokoll aushändigen.
- ☐ ______ Prüfen Sie beim inneren Blitzschutz im Sicherungskasten, ob ein Überspannungsschutz für alle Elektrogeräte besteht.
- ☐ ______ Kontrollieren Sie, ob der Blitzschutz-Potenzialausgleich an allen metallischen Anlagen (Elektro- und Rohrleitungen, Betonbewehrungen) angeschlossen ist.

Checkliste: Schlosserarbeiten

✔ **erledigt am**

- [ ] Prüfen Sie, ob detaillierte Ausführungszeichnungen vorliegen, aus denen die Materialquerschnitte, Anschlüsse der einzelnen Bauteile und Befestigungen mit dem Bauwerk genau zu ersehen sind.
- [ ] Kontrollieren Sie anhand der Detailzeichnungen, ob die Maße und Querschnitte der gelieferten Metallteile mit den Ausführungszeichnungen übereinstimmen.
- [ ] Achten Sie darauf, dass alle Metallteile sauber entgratet sind, um Verletzungen zu vermeiden.
- [ ] Wenn kein Edelstahl verwendet wird, sollten alle Metallteile bereits verzinkt oder mit Rostschutz versehen auf die Baustelle geliefert werden.
- [ ] Werden Metallteile auf der Baustelle mit Rostschutz behandelt, müssen diese vorher sorgfältig gereinigt werden.
- [ ] Werden grundierte Metallteile auf die Baustelle geliefert, sollten diese bald den Endanstrich erhalten. Die Grundierung stellt nur einen kurzfristigen Schutz dar.
- [ ] Um Kontaktkorrosion zu vermeiden, müssen zwischen verschiedenen Metallen Zwischenlagen aus Kunststoff eingelegt werden.
- [ ] Metallteile im Außenbereich sollten grundsätzlich feuerverzinkt geliefert werden oder aus Edelstahl bestehen.
- [ ] Metallteile, die fertig verzinkt auf die Baustelle geliefert werden, dürfen dort nicht mehr geschnitten werden, weil die hochwertige Schutzschicht nicht mehr wiederhergestellt werden kann.
- [ ] Kontrollieren Sie die Mindesthöhe von Geländern und Absturzsicherungen gemäß Bauvorschriften. Der lichte Abstand senkrechter Geländerstäbe muss kleiner als 12 Zentimeter sein.
- [ ] Biegungen an Geländerläufen dürfen keine Risse oder Querschnittsveränderungen aufweisen.
- [ ] Montagepunkte sollten Wärmedämmsysteme nicht durchstoßen, spezielle Montageplatten gibt es mittlerweile.

Checkliste: Innenputzarbeiten

✔	erledigt am	
☐		Klären Sie, ob die Qualität des Untergrunds für Putzarbeiten geeignet ist oder ob Vorarbeiten nötig sind, die bisher nicht vereinbart waren.
☐		Prüfen Sie, ob alle Fenster ausreichend mit Folie geschützt sind.
☐		Glatter Untergrund muss vor dem Verputzen gut aufgeraut werden.
☐		Stark saugende Materialien sind vor dem Putzen mit einer Grundierung zu überziehen.
☐		Betonteile sind mit einem Haftgrund zu versehen.
☐		Alle verwendeten Metallprofile müssen verzinkt und ausreichend befestigt sein.
☐		Wenn Wandanschlüsse nicht verzahnt gemauert wurden oder aus unterschiedlichen Materialien bestehen, sollte in den Ecken zusätzlich Gittergewebe eingearbeitet werden.
☐		Vorspringende Ecken sind mit Schutzschienen zu belegen. Achten Sie auf senkrechte und waagerechte Ausführung (Kontrolle mit der Wasserwaage).
☐		Werden Innenwände nach dem Putzen gefliest, sollten zusätzlich Einputzschienen auf der Wand aufgebracht werden.
☐		Bei Temperaturen um den Gefrierpunkt darf nicht verputzt werden.
☐		Wird ein Spritzbewurf zur Behandlung des Untergrunds verwendet, kann erst weitergearbeitet werden, wenn dieser fest ist.
☐		Kontrollieren Sie die verputzten Wandflächen mit Latte und Wasserwaage.
☐		Achten Sie darauf, dass Putze in Fensterlaibungen rechtwinklig zum Fenster angelegt sind.
☐		Nach Beendigung der Putzarbeiten Wandflächen auf Unebenheiten untersuchen (bei Kunstlicht und Tageslicht).
☐		Lassen Sie alle Schutzmaßnahmen wieder beseitigen und kontrollieren Sie alle Flächen, die verdeckt waren, auf Schäden (zum Beispiel Fenster).
☐		Sofern bereits funktionsfähige Abflüsse vorhanden sind, sollten diese vor Abnahme kontrolliert werden auf Verstopfung durch Restmaterialien vom Verputzen.

Checkliste: Estricharbeiten

✔ **erledigt am**

- [ ] Kontrollieren Sie nach dem Anbringen der Meterrisse, ob die Türhöhen nach dem geplanten Estricheinbau noch ausreichend groß sind.
- [ ] Bei unterschiedlichen Estrichhöhen die Türanschlagseiten beachten.
- [ ] Sollen die Böden gefliest werden, sollte der Zementestrich vorher mit Kunststofffasern bewehrt werden.
- [ ] Kontrollieren Sie, ob bei schwimmendem Estrich überall entlang der Wände Randdämmstreifen angebracht wurden, um Schallbrücken zu vermeiden. Es dürfen keine Fehlstellen vorhanden sein.
- [ ] Bei schwimmendem Estrich muss die Dämmschicht mit Folie abgedeckt sein, damit der Estrich nicht in die Dämmung läuft.
- [ ] Wo im Boden Baukörper-Dehnungsfugen vorhanden sind, müssen diese im Estrich an gleicher Stelle übernommen werden.
- [ ] Bei Temperaturen unter 5 °C keinen Estrich verlegen, es sei denn, es handelt sich um Trocken- oder Gussasphaltestrich.
- [ ] Prüfen Sie mit der Wasserwaage, ob der Estrich waagerecht hergestellt wurde.
- [ ] Prüfen Sie anhand des Meterrisses, ob die Estrichhöhe überall eingehalten wurde.
- [ ] Schützen Sie Räume mit frisch verlegtem Estrich vor starker Sonneneinstrahlung und vermeiden Sie übermäßiges Lüften, außer bei Gussasphaltestrich. Aufgrund der hohen Temperaturen des Gussasphalts ist Lüften notwendig.
- [ ] Lassen Sie die Baustelle nach dem Verlegen des Estrichs schließen, um Schäden durch vorzeitiges Begehen zu vermeiden.
- [ ] Achten Sie darauf, dass bei Heizestrich der Aufheizvorgang nicht zu früh beginnt und genau nach Herstellervorschrift erfolgt.

Checkliste: Trockenbauarbeiten

✔ **erledigt am**

- ☐ Kontrollieren Sie, ob Dämmmaterial, Wärmeleitfähigkeit und Dicke mit den Vorgaben übereinstimmen.
- ☐ Achten Sie darauf, dass auch über den Giebelwänden Dämmung vorgenommen wird.
- ☐ Achten Sie darauf, dass über Zwischenwänden Dämmung eingebaut wird.
- ☐ Lassen Sie auch dann den Bereich zwischen den Kehlbalken dämmen, wenn der darüber liegende Spitzboden gedämmt wird.
- ☐ Die Dampfbremse darf keine Risse haben und muss sorgfältig an das Mauerwerk oder die Fenster angeschlossen werden. Stöße müssen überlappen und sorgfältig verklebt werden.
- ☐ Durchdringungen wie zum Beispiel Lüftungsrohre müssen abgeklebt werden. Das gilt auch für Elektroleitungen.
- ☐ Veranlassen Sie vor der Montage der Trockenbauplatten einen Blower-Door-Test zur Kontrolle der Winddichtigkeit der Gebäudehülle.
- ☐ Klären Sie, ob die Trockenbauplatten ausreichend dick sind, um den erforderlichen Schallschutz zu gewährleisten.
- ☐ Achten Sie darauf, dass Trockenbauplatten keinen direkten Kontakt mit schwimmendem Estrich erhalten, also zum Beispiel nicht auf diesen gestellt werden, sondern etwa ein Zentimeter Abstand gelassen wird. Sonst entstehen Schallbrücken.
- ☐ Im Bereich von Plattenstößen sollte immer eine Dachlatte als Unterkonstruktion vorhanden sein, in die geschraubt werden kann. Kontrollieren Sie mit einer Richtlatte, ob die Verkleidung in einer Ebene hergestellt wurde.
- ☐ Kontrollieren Sie mit Kunstlicht (Streiflicht), ob die Plattenstöße plan gespachtelt wurden.
- ☐ Lassen Sie alle Schutzmaßnahmen wieder beseitigen und kontrollieren Sie alle Flächen, die verdeckt waren (zum Beispiel Fenster), auf Schäden.
- ☐ Falls funktionsfähige Abflüsse vorhanden sind, sollten diese vor Abnahme auf Verstopfung durch Restmaterialien der Putzer kontrolliert werden.
- ☐ Prüfen Sie bei Trockenbauwänden, ob das Material der Unterkonstruktion der Ausschreibung entspricht (Holz oder Metall).
- ☐ Trockenbauwände sollten auf Estrich nur schwimmend fixiert (Kittmasse) und nicht geschraubt werden.
- ☐ Im Bereich von Hängeschränken horizontale Fixierungsstreben in der Unterkonstruktion vorsehen.
- ☐ Die Hohlräume von Trockenbauwänden müssen vollständig mit Dämmmaterial gefüllt sein.
- ☐ Zwischen der Unterkonstruktion und angrenzenden Bauteilen müssen Dichtungsbänder oder muss eine Kittmasse als Schallschutz verwendet werden.
- ☐ Prüfen Sie, ob die Beplankung nach den Vorgaben ausgeführt wurde (ein-, zwei- oder dreilagig).

Checkliste: Fliesenarbeiten

✓	erledigt am	
☐		Klären Sie, ob Fliesenspiegel gezeichnet werden, aus denen Verlegerichtung, Lage von Bordüren, Ausrichtung des Fliesenrasters usw. hervorgehen. Wenn ja, müssen die Pläne bei Arbeitsbeginn vorliegen.
☐		Prüfen Sie vor Beginn der Arbeiten die gelieferten Fliesen auf Übereinstimmung mit den ausgesuchten Mustern (Farbigkeit, Oberflächenbeschaffenheit, Güteklasse).
☐		Klären Sie, ob vor dem Fliesen alle Konsolen, zum Beispiel für Heizkörper, montiert wurden.
☐		Achten Sie darauf, dass der Elektriker Badewannen und Duschtassen geerdet hat, bevor diese eingemauert werden.
☐		Lassen Sie Revisionsöffnungen bei Badewanne und Dusche vorsehen.
☐		Lassen Sie Installationsschächte mit schalldämmendem Material füllen.
☐		Im Bereich der Dusche und Badewanne müssen die Wandflächen mit einem zusätzlichen Feuchtigkeitsschutz versehen werden.
☐		Wassereinläufe in Fliesenböden müssen gut eingedichtet sein.
☐		Klären Sie die Aufschlagrichtung der Türen, damit die Messingschienen später unterhalb des Türblatts liegen.
☐		Achten Sie auf eine einheitliche Fugenbreite. Abweichungen in der Fugenbreite werden meist erst nach dem Verfugen sichtbar und sind dann nicht mehr zu korrigieren.
☐		In Raumecken, bei Anschlüssen an andere Materialien usw. muss dauerelastisch verfugt werden.
☐		Im Boden-Wand-Anschluss sollten zusätzlich Hohlkehlprofile zum Einsatz kommen.
☐		Für Außenecken sollten Eckprofile aus Metall oder Kunststoff eingesetzt werden, wenn das Fliesenprogramm keine speziellen Eckfliesen bietet.
☐		Lassen Sie die frisch verlegten Bereiche vor unbefugtem Begehen durch andere Handwerker schützen (mindestens zwei Tage).
☐		Bei der Lieferung prüfen, ob die Sanitärgegenstände unbeschädigt und ohne Kratzer sind.
☐		Die Löcher der Fliesendurchführungen für Armaturen müssen durch die Abdeckrosetten vollständig überdeckt sein.
☐		Lassen Sie alle Schutzmaßnahmen wieder beseitigen und kontrollieren Sie alle Flächen, die verdeckt waren, auf Schäden (zum Beispiel Fenster).

Checkliste: Fliesenarbeiten im Freien

✔	erledigt am	
☐		Lassen Sie sich vom Unternehmer den Nachweis erbringen, dass frostbeständige Fliesen verlegt wurden.
☐		An allen Randbereichen von Terrassen oder Balkonen müssen Randprofile zur Wasserabführung angebracht sein.
☐		Fliesenböden im Freien benötigen ein leichtes Gefälle zur wasserabführenden Kante hin (Kontrolle mit Wasserwaage).
☐		Bei Verlegung von Betonwerksteinen im Kiesbett darauf achten, dass der Kies tragfähig ist, aber trotzdem Wasser abführt (Tritt- und Wassereimertest).
☐		Bei Verlegung von Betonwerksteinen auf Kunststoffstelzen darauf achten, dass die untere wasserführende Schicht zur Aufnahme von Kunststoffstelzen geeignet ist und durch diese nicht verletzt wird.
☐		Die Betonwerksteine müssen selbsttragend und für die Verlegung auf Kunststoffstelzen geeignet sein.
☐		Fabrikat, Typ, Stärke und Maße der angelieferten Betonwerksteine überprüfen.
☐		Wenn bereits funktionsfähige Abflüsse vorhanden sind, sollten diese vor Abnahme auf Verstopfung kontrolliert werden.

Checkliste: Malerarbeiten

✓ **erledigt am**

- [ ] Lassen Sie den Untergrund von der ausführenden Firma auf Eignung und ausreichende Trockenheit für Anstricharbeiten prüfen.
- [ ] Bei starker Sonneneinstrahlung oder Regen keine Anstriche im Freien ausführen lassen.
- [ ] Achten Sie darauf, dass fertige Oberflächen (zum Beispiel Geländer und Fenster) sorgfältig abgedeckt, abgeklebt oder anderweitig gegen Verschmutzung geschützt werden.
- [ ] Auch die Unterseiten der Fensterbänke müssen abgeklebt sein.
- [ ] Achten Sie darauf, dass Metallteile (zum Beispiel Geländer), die gestrichen werden sollen, vorher sorgfältig gereinigt, entfettet und, wenn nötig, abgesäuert werden.
- [ ] Wählen Sie rechtzeitig die Farbgebung aller Räume aus und lassen Sie sich vom Maler Farbmuster erstellen.
- [ ] Beim Streichen von Fenstern und Türen dürfen die Beschläge nicht überstrichen werden.
- [ ] Alle Metallteile sind vor dem Anstrich ausreichend zu schützen.
- [ ] Sind mehrere Anstriche nötig, darf der folgende Anstrich erst nach Durchtrocknung des ersten erfolgen. Achten Sie auf Trockenzeiten des Herstellers.
- [ ] Der Anstrich muss gleichmäßig, glatt, ohne Blasen und Erhebungen ausgeführt werden. Kontrollieren Sie die Ebenheit durch Streiflicht.
- [ ] Achten Sie darauf, dass der Maler nicht Sanitärgegenstände, die bereits montiert sind, zum Reinigen seines Handwerkszeugs benutzt (Gefahr der Verstopfung).

Checkliste: Schreinerarbeiten

✓ **erledigt am**

- [ ] Lassen Sie vor Beginn der Arbeiten vom Unternehmer die Rohbauabmessungen aller Türöffnungen auf Übereinstimmung mit den Vorgaben prüfen.
- [ ] Prüfen Sie bei Holztüren, ob die gelieferte Holzart richtig ist.
- [ ] Prüfen Sie, ob der gelieferte Farbton richtig ist und ob der Farbton von Zarge und Türblatt übereinstimmt.
- [ ] Vergleichen Sie die Türbänder, Beschläge und Schlösser auf Übereinstimmung mit den Vorgaben.
- [ ] Lassen Sie sich bei Schallschutztüren das Prüfzeugnis vorlegen.
- [ ] Lassen Sie den Zwischenraum zwischen Mauerwerk und Zargen nicht nur punktweise, sondern komplett ausstopfen oder ausschäumen. Damit verringern Sie die Schallübertragung.
- [ ] Kellertüren von beheizten Fluren in unbeheizte Räume müssen wärmegedämmt sein.
- [ ] Kontrollieren Sie, ob die Türen in die richtige Richtung aufschlagen und das Türblatt auf der richtigen Seite montiert ist.
- [ ] In Räumen ohne Fenster muss bei den Türen zur ausreichenden Belüftung entweder im unteren Bereich ein Gitter eingebaut sein, oder die Tür muss einen ausreichend großen Abstand (eineinhalb bis zwei Zentimeter) zum Boden haben.
- [ ] Prüfen Sie mit der Wasserwaage, ob die Rahmen und Türen waagerecht und lotrecht eingebaut sind.
- [ ] In der Wohnungseingangstür sollte ein unteres Dichtband (Schall-Ex) eingebaut werden.
- [ ] Prüfen Sie die Oberflächen von Türblatt und Rahmen auf Kratzer.
- [ ] Die Türen müssen sich vollständig öffnen und schließen lassen, ohne am Rahmen oder Boden zu streifen.
- [ ] Prüfen Sie, ob die Türen in jeder beliebigen Position stehen bleiben, ohne sich von selbst weiter zu öffnen oder zu schließen.
- [ ] Prüfen Sie, ob sich die Türen abschließen lassen und ob Sie alle Schlüssel ausgehändigt bekommen haben.
- [ ] Achten Sie darauf, dass Wandflächen und Böden nicht durch Bauschaum verunreinigt wurden.
- [ ] Achten Sie darauf, dass Akustikdecken überall schallentkoppelt sind.
- [ ] Achten Sie darauf, dass bei der Montage von Holzverkleidungen im Dachraum keine darunterliegenden Folien verletzt werden.
- [ ] Die Dachluke in dem unbeheizten Dachboden sollte wärmegedämmt sein.
- [ ] Achten Sie darauf, dass sich das Deckenholz ausreichend bewegen kann (mindestens eineinhalb Zentimeter Abstand zur Wand lassen).
- [ ] Abschlussleisten von Deckenverkleidungen sollten entweder an der Decke oder an der Wand befestigt werden, keinesfalls an beiden.
- [ ] Bei der Montage von Einbaustrahlern ist darauf zu achten, dass die elektrischen Systeme gut gesichert sind und keine verdeckten Brände entfachen können. Am besten ist die Abnahme durch einen Elektriker.
- [ ] Berücksichtigen Sie Lichtauslassstellen.

Checkliste: Parkettarbeiten

✓	**erledigt am**	
☐		Prüfen Sie, ob das gelieferte Material in Holzart und Dicke mit den Vorgaben übereinstimmt.
☐		Bestimmen Sie gemeinsam mit dem Parkettleger nochmals das Verlegemuster der Parkettstäbe.
☐		Prüfen Sie, ob der von Ihnen gewählte Kleber verwendet wird.
☐		Achten Sie darauf, dass das Parkett nirgends mit der Wand in Berührung kommt.
☐		Klären Sie, dass Sockelleisten an der Wand und nicht am Boden befestigt werden.
☐		Vor dem stark staubenden Parkettschliff angrenzende Bereiche gut abdichten lassen.
☐		Prüfen Sie die fertige Parkettoberfläche nach dem Schleifen und Versiegeln auf Unebenheiten (Streiflicht).
☐		Achten Sie darauf, dass das Parkett auch in den Raumecken sauber geschliffen wurde.
☐		Lassen Sie sich eine Pflegeanleitung aushändigen.
☐		Kontrollieren Sie, ob Wandflächen, Balkontüren usw. gesäubert wurden, falls diese versehentlich mit Kleber verunreinigt wurden.

Checkliste: Teppichböden, Linoleumböden

✔ **erledigt am**

- [ ] Das Verlegen von Teppich- und Linoleumböden sollte erst nach Fertigstellung aller anderen Arbeiten erfolgen, um die Oberflächen vor späteren Verunreinigungen zu schützen.
- [ ] Prüfen Sie, ob die gelieferten Beläge den ausgesuchten Mustern in Farbe, Material und Qualität entsprechen.
- [ ] Kontrollieren Sie, ob der Untergrund gereinigt und für das Verlegen vorbereitet wurde (zum Beispiel Risse im Estrich ausgebessert, Unebenheiten durch Spachteln ausgeglichen).
- [ ] Prüfen Sie die Höhen der Übergänge zu den einzelnen Räumen.
- [ ] Teppichbahnen sind in Richtung auf die Hauptfensterwand zu verlegen, in Fluren in Längsrichtung. Die Bahnen sollten nur in einer Richtung verlegt werden, da sich sonst an Stößen Farbunterschiede zeigen können.
- [ ] Klebstoffreste sind sofort zu entfernen.
- [ ] Lassen Sie sich eine Pflegeanleitung für den Bodenbelag geben.
- [ ] Größere Materialreste sollten Sie für spätere Ausbesserungsarbeiten aufbewahren.

Checkliste: Luftdichtigkeit

✔	erledigt am	
☐		Lassen Sie einen Blower-Door-Test durchführen.
☐		Die Revisionsöffnungen von Rollladenkästen und der Auslass der Gurtbänder sollten gut abgedichtet sein.
☐		Für Schalter und Steckdosen in Außenwänden müssen besondere Unterputzdosen montiert werden.
☐		Stehende Hochlochziegel bei Fensterbrüstungen sollten vor Montage der Fensterbänke verputzt werden.
☐		Risse in Holzpfosten der Dachkonstruktion sind Luftöffnungen und sollten geschlossen werden.
☐		Lassen Sie alle Wandflächen verputzen, auch die Giebel im Spitzboden.
☐		Lassen Sie alle Kamine verputzen, auch im Spitzboden.
☐		Achten Sie auf eine sorgfältige Verklebung der Stöße der Dampfbremse sowie den Anschluss der Folie an Wandflächen.
☐		Für eine luftdichte Verklebung von Rohrdurchführungen gibt es teilweise fertige Passstücke.
☐		Achten Sie auf sorgfältige Abklebung der Dachflächenfenster.
☐		Die Haustür muss in geschlossenem Zustand luftdicht sein.
☐		Der Anschluss der Fensterrahmen an die Mauerwerkslaibung muss mit speziellen Profilen luftdicht hergestellt werden. Klären Sie, ob diese Arbeiten beim Einbau der Fenster oder beim Verputzen der Wände durchgeführt werden.

23 Abschlagrechnungen Planer und Berater

Planer und Berater wie der Bodengutachter, der Vermesser, der Energieberater, der Statiker und der Haustechnikingenieur – so diese beauftragt sind – werden Ihnen wahrscheinlich nur eine abschließende Rechnung stellen. Denn deren Leistung ist auch zeitlich überschaubar. Anders der planende Architekten oder Bauleiter: Diese werden Ihnen ggf. auch Abschlagrechnungen stellen. In § 15 Absatz 1 und Absatz 2 der Honorarordnung für Architekten und Ingenieure (HOAI) ist folgendes geregelt, Zitat:

„(1) Das Honorar wird fällig, wenn die Leistung abgenommen und eine prüffähige Honorarschlussrechnung überreicht worden ist, es sei denn, es wurde etwas anderes schriftlich vereinbart.
(2) Abschlagszahlungen können zu den schriftlich vereinbarten Zeitpunkten oder in angemessenen zeitlichen Abständen für nachgewiesene Grundleistungen gefordert werden."

Das heißt, Abschlagrechnungen nach der HOAI sind grundsätzlich zulässig.

Nicht erfasst von den zwingenden Honorarvorgaben der HOAI sind nach § 3 Absatz 1 sowie Anlage 1 der HOAI u. a. folgende Leistungen: Bauphysik (z. B. Wärmeschutzberechnung und Energiebilanzierung), Geotechnik (z. B. Bodengutachten) und Vermessung (z. B. Anfertigung Lageplan und Einmessung Gebäude).

Bei Abschlagrechnungen, die die zwingenden Honorarvorgaben der HOAI einhalten müssen, sind die folgenden Punkte inhaltlich und rechnerisch zu prüfen:

- → Aufschlüsselung der anrechenbaren Kosten des Objekts auf Grundlage der Kostenberechnung (nach § 6 HOAI)
- → Angabe der vereinbarten Honorarzone und des vereinbarten Honorarsatzes (nach § 35 HOAI)
- → Aufschlüsselung des Honorars nach der jeweiligen Leistungsphase (nach § 34 HOAI)
- → Angabe der erbrachten Grundleistungen
- → Honorarberechnung nach § 35 HOAI unter Berücksichtigung der Differenzen innerhalb der Gebührenstufen (Interpolation)
- → Gegebenenfalls Angabe besonderer Leistungen und Ansatz Zusatzhonorar
- → Nebenkostenermittlung
- → Mehrwertsteuer

Gemäß § 7 Absatz 5 der HOAI gelten grundsätzlich nur die Honorarmindestsätze, wenn nichts anderes vereinbart ist. Möglicherweise vereinbarte Erfolgshonorare (§ 7 Absatz 6 HOAI) sollten grundsätzlich erst mit der Schlussrechnung in Rechnung gestellt werden, denn frühestens dann zeigt sich ja der Erfolg (oder auch Misserfolg) einer Leistung.

24 Abschlagrechnungen Generalunternehmer bzw. Handwerker

Abschlagrechnungen von Werkleistungen regelt § 632a Absatz 1 BGB, Zitat:
„Der Unternehmer kann von dem Besteller für eine vertragsgemäß erbrachte Leistung eine Abschlagszahlung in der Höhe verlangen, in der der Besteller durch die Leistung einen Wertzuwachs erlangt hat. Wegen unwesentlicher Mängel kann die Abschlagszahlung nicht verweigert werden. (…)"

Diese Regelung gilt aber nur für Verträge, die bis zum 31.12.2017 geschlossen wurden. Für alle Verträge, die c geschlossen werden, gilt folgende Regelung nach dem neuen § 632a Absatz 1 BGB, Zitat:
„Der Unternehmer kann von dem Besteller eine Abschlagszahlung in Höhe des Wertes der von ihm erbrachten und nach dem Vertrag geschuldeten Leistungen verlangen. Sind die erbrachten Leistungen nicht vertragsgemäß, kann der Besteller die Zahlung eines angemessenen Teils des Abschlags verweigern. Die Beweislast für die vertragsgemäße Leistung verbleibt bis zur Abnahme beim Unternehmer. (…)"

Haben Sie Zweifel an erbrachten Leistungen greift § 641 Absatz 3 BGB:
„Kann der Besteller die Beseitigung eines Mangels verlangen, so kann er nach der Fälligkeit die Zahlung eines angemessenen Teils der Vergütung verweigern; angemessen ist in der Regel das Doppelte der für die Beseitigung des Mangels erforderlichen Kosten."

Unabhängig davon bleiben 5 % der Vergütung von Anfang an als Sicherheit bei Ihnen, Zitat, § 632a Absatz 3 BGB:
„Ist der Besteller ein Verbraucher und hat der Vertrag die Errichtung oder den Umbau eines Hauses oder eines vergleichbaren Bauwerks zum Gegenstand, ist dem Besteller bei der ersten Abschlagszahlung eine Sicherheit für die rechtzeitige Herstellung des Werkes ohne wesentliche Mängel in Höhe von 5 vom Hundert des Vergütungsanspruchs zu leisten (…)"

Auch diese Regelung gilt aber nur für Verträge, die bis zum 31.12.2017 geschlossen wurden. Für Verträge, die danach geschlossen wurden, gilt hierfür neu § 650m des BGB, Zitat:
„(1) Verlangt der Unternehmer Abschlagszahlungen nach § 632a, darf der Gesamtbetrag der Abschlagszahlungen 90 Prozent der vereinbarten Gesamtvergütung einschließlich der Vergütung für Nachtragsleistungen nach § 650c nicht übersteigen.
(2) Dem Verbraucher ist bei der ersten Abschlagszahlung eine Sicherheit für die rechtzeitige Herstellung des Werks ohne wesentliche Mängel in Höhe von 5 Prozent der vereinbarten Gesamtvergütung zu leisten. Erhöht sich der Vergütungsanspruch infolge einer Anordnung des Verbrauchers nach den §§ 650b und 650c oder infolge sonstiger Änderungen oder Ergänzungen des Vertrags um mehr als 10 Prozent, ist dem Verbraucher bei der nächsten Abschlagszahlung eine weitere Sicherheit in Höhe von 5 Prozent des zusätzlichen Vergütungsanspruchs zu leisten. Auf Verlangen des Unternehmers ist die Sicherheitsleistung durch Einbehalt dergestalt zu erbringen, dass der Verbraucher die Abschlagszahlungen bis zu dem Gesamtbetrag der geschuldeten Sicherheit zurückhält."

Zur Prüfung von Abschlagrechnungen helfen Ihnen auch das nachfolgende Deckblatt für Abschlagrechnungen und die nachfolgende Checkliste.

Deckblatt für Abschlagrechnungen

Datum

Bauvorhaben:

Gewerk, Name der Fa.: ....

Rechnungs-Nr. des Unternehmers: ....

Lfd. Rechnungs-Nr. des Bauherrn: ....

Auftrags-Datum: ....

Datum der Rechnung: ....

Eingangsdatum der Rechnung: ....

Vertragliche Auftragssumme (netto):	EUR
Nachträge (netto):	EUR
Rechnungssumme vorliegende Rechnung:	EUR
Rechnungssumme vorliegende Rechnung nach Prüfung:	EUR
Evtl. vereinbarte Abzüge:	EUR
Rechnungssumme geprüft (netto):	EUR
Mehrwertsteuer:	EUR
Rechnungssumme geprüft (brutto):	**EUR**

Abzug Sicherheitseinbehalt nach BGB: (5 % bei der Gesamtauftragssumm)e mit der ersten Abschlagrechnung gemäß § 650m Absatz 2 BGB)	EUR
Sonstige Abzüge (z.B. Mängel):	EUR
Gesamtbetrag nach Abzügen (brutto):	EUR
Gesamthöhe bisherige Abschlagzahlungen (brutto): (Maximal 90 % der Gesamtauftragssumme bis nach Abnahme gemäß § 650m Absatz BGB)	EUR
Freigegebener Betrag (brutto):	**EUR**

....

Ort Datum Unterschrift des Bauleiters

Checkpunkte zur Prüfung von Abschlagsrechnungen

✓ **Rechnerisch:**

- [ ] Stimmen die angesetzten Zahlen für die erbrachten Leistungen?
- [ ] Ist der Zahlungsplan berücksichtigt? Oder droht Überzahlung?
- [ ] In welcher Höhe sind bereits Abschlagszahlungen erfolgt?
- [ ] Erfolgen Skonto-Abzüge?
- [ ] Stimmen die Überträge von einer Seite zur nächsten?
- [ ] Stimmen Netto- und Bruttoberechnungen?

Inhaltlich:

- [ ] Wurde die Leistung vollständig erbracht?
- [ ] Wurden die Leistungen mangelfrei erbracht?
- [ ] Wurden die vereinbarten Materialien verwendet?
- [ ] Wurden möglicherweise zusätzliche abgerechnete Leistungen erbracht?

Rechtlich:

- [ ] Sind vereinbarte Zwischenfristen eingehalten worden?
- [ ] Wurden alle weiteren Vertragsbedingungen erfüllt?
- [ ] Wurden Leistungen anderer Unternehmer beschädigt?
- [ ] Wurden erforderliche Dokumente (z. B. Betriebsanleitungen) übergeben?

25 Stundenlohnzettel

Stundenlohnzettel sind ein Dokument, um zusätzlich geleistete Stunden zu dokumentieren und durch den Auftraggeber abzeichnen zu lassen. Mit der Abzeichnung der Stundenlohnzettel geht meist auch eine rechtliche Anerkenntnis dieser geleisteten Stunden einher. Daher sind sie nicht ganz ungefährlich. Zeichnet man als Bauherr sozusagen im Vorbeigehen einige Stundenzettel ab, kann man schnell einige Tausend Euro los sein, die man dann im Zweifel sogar rechtlich anerkannt hat.

Daher ist mit Stundenzetteln extrem vorsichtig umzugehen. Sie sollten nie vor Ort direkt unterzeichnet werden. Man kann sie sich mitgeben lassen und dann in Ruhe prüfen. Ist man mit ihnen nicht einverstanden, sollte man ihnen ausdrücklich und schriftlich wiedersprechen, um zu vermeiden, dass ein konkludentes Einverständnis vermutet wird, weil man sich zu den Stundenzetteln nicht mehr geäußert hat.

26 Lieferscheine

Lieferscheine fallen auf Baustellen immer dann an, wenn Materiallieferungen direkt an den Bauherrn erfolgen und in Leistungsverzeichnissen oder der Baubeschreibungen nicht erfasst sind.

Sind sie hingegen Bestandteil der dort erfassten Leistungen, sind Lieferscheine auch nicht vom Bauherrn zu unterzeichnen. Denn die Leistung, die durch einen Handwerker oder Generalunternehmer geleistet werden muss, umfasst dann auch die Lieferung vereinbarter Materialien. Daher muss man bei der Unterzeichnung von Lieferscheinen auf Baustellen sehr vorsichtig sein.

Will beispielsweise ein Materiallieferant von Ihnen eine Unterschrift, stellt sich sofort die Frage, ob Sie mit dem Materialieferanten überhaupt einen Vertrag haben oder ob nicht vielmehr Ihr Handwerker oder Generalunternehmer mit dem Lieferanten einen Vertrag hat – ergo dieser auch den Lieferschein unterzeichnen muss.

Das Unterzeichen eines Lieferscheins setzt voraus, dass man ein Vertragsverhältnis zum Lieferanten eingegangen ist und dann die Lieferung auch sorgsam überprüft – und zwar nach korrektem Inhalt, korrektem Umfang und auch Schadensfreiheit.

IV. Abnahmen und Schlussrechnungen

27 Abnahme Handwerker bzw. Generalunternehmer

Die Abnahme ist ein extrem wichtiger Rechtsvorgang beim Bauen. Alle Hintergründe dazu erfahren Sie im Buch „Bauen!" der Verbraucherzentrale. Die Abnahme wird geregelt durch § 640 BGB. Die verweigerte Abnahme neu durch § 650g BGB. Eine Abnahme können Sie nur unter Angabe von Mängeln, die dieser entgegenstehen, ablehnen, Es gibt allerdings Unterschiede für Verträge, die bis zum 31.12.2017 geschlossen wurden und solchen, die erst ab dem 01.01.2018 geschlossen wurden (siehe Fußnoten). Seit dem 01.01.2018 haben Sie verbesserte Rechte im Zusammenhang mit einer Abnahme. Zitat § 640 BGB:

„(1) Der Besteller ist verpflichtet, das vertragsmäßig hergestellte Werk abzunehmen, sofern nicht nach der Beschaffenheit des Werkes die Abnahme ausgeschlossen ist. Wegen unwesentlicher Mängel kann die Abnahme nicht verweigert werden. Der Abnahme steht es gleich, wenn der Besteller das Werk nicht innerhalb einer ihm vom Unternehmer bestimmten angemessenen Frist abnimmt, obwohl er dazu verpflichtet ist.[1]

(2) Als abgenommen gilt ein Werk auch, wenn der Unternehmer dem Besteller nach Fertigstellung des Werks eine angemessene Frist zur Abnahme gesetzt hat und der Besteller die Abnahme nicht innerhalb dieser Frist unter Angabe mindestens eines Mangels verweigert hat. Ist der Besteller ein Verbraucher, so treten die Rechtsfolgen des Satzes 1 nur dann ein, wenn der Unternehmer den Besteller zusammen mit der Aufforderung zur Abnahme auf die Folgen einer nicht erklärten oder ohne Angabe von Mängeln verweigerten Abnahme hingewiesen hat; der Hinweis muss in Textform erfolgen.[2]

(3) Nimmt der Besteller ein mangelhaftes Werk gemäß Absatz 1 Satz 1 ab, obschon er den Mangel kennt, so stehen ihm die in § 634 Nr. 1 bis 3 bezeichneten Rechte nur zu, wenn er sich seine Rechte wegen des Mangels bei der Abnahme vorbehält."

Mit der Abnahme erkennen Sie die Leistungen des Unternehmers als im Wesentlichen erbracht an. Diese Leistungen können aber natürlich auch Mängel haben. Daher müsse Sie

---

[1] Der unterstrichene Satz entfällt für alle Verträge, die ab dem 01.01.2018 geschlossen wurden. Das gilt dann so nicht mehr und neu kann der Unternehmer nach § 650g BGB nur noch eine sogenannte Zustandsfeststellung verlangen, wenn der Verbraucher die Abnahme unter Angabe eines Mangels verweigert. Alle Hintergründe zu dieser wichtigen, neuen Regelung erfahren Sie im Buch „Bauen!" der Verbraucherzentrale.

[2] Der unterstrichene Absatz kommt neu hinzu für alle Verträge, die seit dem 01.01.2018 geschlossen wurden. Das heißt, wenn Sie dem Unternehmer mindestens einen Mangel konkret angeben, kommt es nicht mehr zu einer „automatischen" Abnahme, wenn der Unternehmer Ihnen eine Fist setzt, sondern nur noch zu einer sogenannten Zustandsfeststellung. Außerdem muss der Unternehmer Sie auf Rechtsfolgen hinweisen. Alle Hintergründe zu dieser wichtigen, neuen Regelung erfahren Sie im Buch „Bauen!" der Verbraucherzentrale.

bei der Abnahme sehr aufpassen. Denn mit der Abnahme geht auch eine Beweislastumkehr einher: Bis zur Abnahme muss der Unternehmer Ihnen nachweisen, dass kein Baumangel vorliegt. Nach der Abnahme müssen Sie ihm beweisen, dass ein Baumangel vorliegt.

Wichtig ist daher die Regelung in § 640 Absatz 3 (bei Verträgen, die noch vor dem 31.12.2017 geschlossen worden sind, ist das Absatz 2), die besagt, dass Sie alle Mängel, die Sie kennen, vorbehalten müssen, wenn Sie Ihre Mängelrechte nicht verlieren wollen. Die Rechtsprechung dazu sagt, dass auch Geldeinbehalte und deren Höhe bei der Abnahme zu fixieren sind, damit sie dann auch einbehalten werden können. Alle Details zu diesen wichtigen Regelungen finden Sie im Buch „Bauen!“ der Verbraucherzentrale.

Einen Beispielbogen, um bei der Abnahme nichts zu vergessen, finden Sie hinter dem Trennblatt.

Abnahme		Datum	Uhrzeit von bis
Bauvorhaben:			Ort:

Autraggeber ....

Auftragnehmer ....

Gewerk ....

Teilnehmer ....

Auftragsdatum ....

Vertragliches Fertigstellungsdatum ....

Tatsächliches Fertigstellungsdatum ....

Verzug ....

Bei der Abnahme wurden folgende Mängel festgestellt:

Lfd. Nr. Beschreibung des Mangels

....

....

....

....

....

....

....

....

....

....

☐ Weitere Mängel siehe Anlage Nr.: ....

Sämtliche Mängel sind unverzüglich, spätestens bis zum: .... zu beseitigen.
Sofern der Auftragnehmer die vorgenannten Mängel nicht bis zum genannten Datum beseitigt, ist der Auftraggeber berechtigt, die Mängel auf Kosten des Auftragnehmers durch Dritte beseitigen zu lassen.
Alle Ansprüche des Auftragnehmers auf Gewährleistung und Schadenersatz bleiben unberührt.

☐ Die Abnahme der Leistung wird wegen vorgenannter Mängel verweigert.

☐ Der Auftraggeber behält sich die Geltendmachung der vereinbarten Vertragsstrafe vor

☐ Die Leistungen werden abgenommen unter Vorbehalt der aufgeführten Mängel und Einbehalt einer entsprechenden Sicherungssumme.

Ort, Datum Unterschrift (Auftraggeber)

Ort, Datum, Unterschrift (Auftragnehmer)

28 Schlussrechnungen Planer und Berater

Die Schlussrechnungen derjenigen Berater, die nur relativ kurz in Ihre Baustelle involviert sind, wie der Bodengutachter, der Statiker, der Energieberater und der Haustechnikingenieur werden Sie auch relativ zeitnah nach deren Leistungen erhalten. Die Schlussrechnungen von Planer und Bauleiter hingegen erst mit Abschluss der Baustelle. Das gleiche gilt für den Vermesser, der ganz zum Schluss meist noch eine Gebäudeeinmessung vornimmt. Egal wann die Schlussrechnung kommt, für die genannten Berater richtet sie sich nach den Regelungen der Honorarordnung für Architekten und Ingenieure (HOAI). Das heißt, egal, wann die Schlussrechnung eintrifft, es gilt § 15 Absatz 1 HOAI, Zitat:

„Das Honorar wird fällig, wenn die Leistung abgenommen und eine prüffähige Honorarschlussrechnung überreicht worden ist, es sei denn, es wurde etwas anderes schriftlich vereinbart."

Das heißt, die Leistung auch von Geologe, Vermesser, Statiker, Energieberater, Haustechnikingenieur, Architekt, SIGEKO und Bauleiter muss abgenommen sein, bevor die Schlussrechnung gestellt werden können. Kaufen Sie ein schlüsselfertiges Haus inklusive werden die genannten Leistungen üblicherweise nicht gesondert abgerechnet, sondern sind in den vereinbarten Zahlungsraten enthalten.

§ 3 Absatz 1 der HOAI legt fest, dass Honorare für Beratungsleistungen nach Anlage 1 der HOAI nicht verbindlich geregelt sind, also frei vereinbart werden können. Dazu gehören Bauphysik (z. B. Wärmeschutzberechnung und Energiebilanzierung), Geotechnik (z. B. Bodengutachten) und Vermessung (z. B. Anfertigung Lageplan und Einmessung Gebäude). Bei Schlussrechnungen, die sich nach HOAI-Vorgaben richten, wird folgendermaßen geprüft:

- → Aufschlüsselung der anrechenbaren Kosten des Objekts auf Grundlage der
- → Kostenberechnung (nach § 6 HOAI)
- → Angabe der vereinbarten Honorarzone und des vereinbarten Honorarsatzes (nach § 35 HOAI)
- → Aufschlüsselung des Honorars nach der jeweiligen Leistungsphase (nach § 34 HOAI)
- → Angabe der erbrachten Grundleistungen
- → Honorarberechnung nach § 35 HOAI unter Berücksichtigung der Differenzen innerhalb der Gebührenstufen (Interpolation)
- → Abzug bereits erfolgter Abschlagrechnungen
- → Gegebenenfalls Angabe besonderer Leistungen und Ansatz Zusatzhonorar
- → Nebenkostenermittlung
- → Mehrwertsteuer

Ein Erfolgshonorar kann nur in festgelegten Ausnahmefällen vereinbart werden (§ 7 Absatz 6 HOAI). Es darf maximal 20 % der Honorarsumme betragen und nur wenn es wirksam vereinbart wurde, kann es auch abgerechnet werden.

29 Schlussrechnungen Handwerker bzw. Generalunternehmer

Die Fälligkeit der Vergütung richtet sich im BGB-Werkvertrag nach § 641 Absatz 1, Zitat:

„Die Vergütung ist bei der Abnahme des Werkes zu entrichten. Ist das Werk in Teilen abzunehmen und die Vergütung für die einzelnen Teile bestimmt, so ist die Vergütung für jeden Teil bei dessen Abnahme zu entrichten."

Das ist insofern unklar, als Sie „bei" der Abnahme schlecht vergüten können. Daher kann man bereits im Vertrag klarstellen, dass die Schlussrechnung „nach" Abnahme eingereicht werden kann. Die Schlussrechnung ist dann ganz ähnlich zu prüfen, wie die Abschlagrechnungen – aber natürlich unter Berücksichtigung bereits geleisteter Abschlagrechnungen und/oder Geldeinbehalten. Vor allem, wenn Mängel vorliegen, haben Sie gemäß § 641 Absatz 3 das Recht dazu, Zitat:

„Kann der Besteller die Beseitigung eines Mangels verlangen, so kann er nach der Fälligkeit die Zahlung eines angemessenen Teils der Vergütung verweigern; angemessen ist in der Regel das Doppelte der für die Beseitigung des Mangels erforderlichen Kosten."

Eine Schlussrechnung ist nach § 650g Absatz 4 BGB dann prüffähig, wenn, Zitat:

„(…) sie eine übersichtliche Aufstellung der erbrachten Leistungen enthält und für den Besteller nachvollziehbar ist. Sie gilt als prüffähig, wenn der Besteller nicht innerhalb von 30 Tagen nach Zugang der Schlussrechnung begründete Einwendungen gegen ihre Prüffähigkeit erhoben hat."

§ 650g gilt für Verträge, die seit dem 01.01.2018 geschlossen wurden.

Nachfolgend finden Sie wichtige Prüfpunkte zur Überprüfung von Schlussrechnungen.

Checkpunkte zur Schlussrechnungsprüfung

✓ **Rechnerisch:**

- ☐ Stimmen die angesetzten Zahlen für die erbrachten Leistungen?
- ☐ In welcher Höhe sind Abschlagszahlungen bereits erfolgt und sind diese berücksichtigt?
- ☐ Stimmen die Überträge von einer Seite zur nächsten?
- ☐ Stimmen Netto- und Bruttoberechnungen?
- ☐ Sind Skonto-Abzüge berücksichtigt (soweit vereinbart)?

Inhaltlich:

- ☐ Wurde die Leistung vollständig erbracht?
- ☐ Wurden die Leistungen mangelfrei erbracht?
- ☐ Wurden die vereinbarten Materialien verwendet?
- ☐ Gibt es im Abnahmeprotokoll Festlegungen zu Einbehalten?
- ☐ Wurden möglicherweise zusätzliche abgerechnete Leistungen auch erbracht?

Rechtlich:

- ☐ Sind die vereinbarten Bauzeiten eingehalten worden?
- ☐ Wurden alle weiteren Vertragsbedingungen erfüllt (z. B. Abfuhr überschüssiges Erdmaterial/Räumung der Baustelle etc.?)
- ☐ Wurden Leistungen anderer Unternehmer beschädigt?
- ☐ Wurden alle erforderlichen Dokumente (z. B. Gebäudeenergieausweis, Pläne, Betriebsanleitungen) übergeben?
- ☐ Ist ein Gewährleistungseinbehalt vereinbart? Und wenn, in welcher Höhe?
- ☐ (Für alle Verträge, die bis zum 31.12.2017 abgeschlossen wurden:) Kann der Sicherheitseinbehalt nach § 632a BGB (5%) freigegeben werden? *Voraussetzung: „rechtzeitige Herstellung des Werkes ohne wesentliche Mängel“:*

  (Für alle Verträge, die ab dem 01.01.2018 abgeschlossen wurden:) Kann der Sicherheitseinbehalt nach § 650m Absatz 1 (10%) und Absatz 2 (5%) BGB freigegeben werden? Voraussetzung nach dem neuen § 632a: Die Leistungen müssen vertragsgemäß erbracht sein.

30 Garantieerklärungen und Wartungsverträge

Anders als gesetzlich garantierte Gewährleistungen sind Garantieerklärungen freiwillige Leistungen. Die kann ein Unternehmen machen, muss es aber nicht.

Die gesetzliche Gewährleistung bei Bauvorhaben ist geregelt durch § 634a Absatz 1 Satz 2.
Für Bauwerke gilt demnach eine fünfjährige Verjährungsfrist. Die VOB/B sieht nur eine vierjährige Verjährungsfrist vor. Die Verbraucherzentrale empfiehlt VOB/B-Verträge aber auch nicht.

Wenn ein Hersteller auf sein Produkt eine Garantie gibt, die über die gesetzliche Gewährleistungszeit hinausgeht, ist es wichtig, dass dies schriftlich dokumentiert und sorgsam archiviert wird. Dazu dient dieses Trennblatt, hinter das alle Garantieerklärungen von Handwerkern, Generalunternehmern, Baustoff-, Bauelementlieferanten oder Produktlieferanten abgelegt werden können, die solche Garantien schriftlich geben.

Manchmal werden solche Garantien nur gegeben, wenn gleichzeitig auch ein Wartungsvertrag abgeschlossen wird. Ein typisches Beispiel ist die Heizungsanlage. Da sie kein Bauwerk im engeren Sine des Gesetzgebers ist, beruft sich manches Unternehmen auf § 634a Absatz 1 Satz 1, nach dem eine generelle Gewährleistung von nur zwei Jahren gilt. Dann werden manchmal fünf Jahre Garantie angeboten, bei Abschluss eines Wartungsvertrages. Wenn man einen solchen abschließen will, muss man aber schon sehr genau hinsehen, zu welchen Regelungen und Konditionen das erfolgen soll. Denn ein Wartungsvertrag kann sehr schnell auch sehr teuer werden.
Nicht zulässig ist es, einen Gewährleistungsausschluss der gesetzlichen Gewährleistung vorzunehmen, wenn der Kunde keinen Wartungsvertrag abschließt. Denn die gesetzliche Gewährleistung gilt grundsätzlich.

31 Gebäudeenergieausweis

Gemäß § 16 Absatz 1 der Energieeinsparverordnung (EnEV) ist für jedes neu zu errichtende Gebäude ein Energieausweis auszustellen und zu übergeben. Die Übergabe hat „unverzüglich nach Fertigstellung des Gebäudes" zu erfolgen. Die Verantwortung dafür liegt beim Bauherrn, Zitat § 16 Absatz 1 EnEV:

„Wird ein Gebäude errichtet, hat der Bauherr sicherzustellen, dass ihm, wenn er zugleich Eigentümer des Gebäudes ist, oder dem Eigentümer des Gebäudes ein Energieausweis nach dem Muster der Anlage 6 oder 7 unter Zugrundelegung der energetischen Eigenschaften des fertig gestellten Gebäudes ausgestellt und der Energieausweis oder eine Kopie hiervon übergeben wird. Die Ausstellung und die Übergabe müssen unverzüglich nach Fertigstellung des Gebäudes erfolgen. (…)"

Vergessen Sie also nicht, sich spätestens nach Fertigstellung auch den Energieausweis aushändigen zu lassen. Wie ein solcher Ausweis aussieht, können Sie im Buch „Bauen!" der Verbraucherzentrale oder über das Gesetzesportal der Bundesregierung (www.gesetze-im-internet.de) und dort unter dem Anhang zur EnEV nachsehen.

32 Gebrauchsanweisungen

Die Übergabe von Gebrauchsanweisungen ist wichtig, um bei der komplexer werdenden Haustechnik immer zu wissen, wie die installierten Anlagen ordnungsgemäß bedient werden.

Bei einem Hausbau sollten Sie sich mindestens für folgende Gewerke Bedienungsanleitungen aushändigen lassen und hinter diesem Trennblatt ablegen:

→ Heizung (inkl. Solarkollektoranlagen und Warmwasserspeicher, falls Teil der Leistung)
→ Photovoltaikanlage mit Stromspeicher (falls Teil der Leistung)
→ Lüftungsanlage (falls Teil der Leistung)
→ Alarmanlage (falls Teil der Leistung)

Anhang

33 Altes BGB-Werkvertragsrecht

Seit dem 01.01.2018 gilt in Deutschland erstmals überhaupt ein Verbraucherbauvertragsrecht, das die Paragraphen 650i bis 650n des BGB umfasst. Es ist eingebettet in das ebenfalls neue Werkvertragsrecht des BGB (Paragraphen 631 bis 651).

Alle Verträge, die noch bis zum 31.12.2017 abgeschlossen wurden, richten sich nach dem alten Recht, alle Verträge, die danach abgeschlossen wurden, richten sich nach dem neuen Recht.

Baustellen laufen aber über lange Zeiträume, daher können noch einige Jahre vergehen, bis alle Bauverträge auf Basis des neuen Rechts abgeschlossen werden. Gleichzeitig finden Sie aber den Text des alten Rechts seit dem 01.01.2018 nicht mehr auf dem Gesetzesportal der Bundesregierung (www.gesetze-im-internet.de). Aus diesem Grund finden Sie ihn hier jederzeit griffbereit.

Das aktuelle Recht finden Sie im Internet (www.gesetze-im-internet.de) auf dem jeweils neuesten Stand.

§ 631
Vertragstypische Pflichten beim Werkvertrag
(1) Durch den Werkvertrag wird der Unternehmer zur Herstellung des versprochenen Werkes, der Besteller zur Entrichtung der vereinbarten Vergütung verpflichtet.

(2) Gegenstand des Werkvertrags kann sowohl die Herstellung oder Veränderung einer Sache als auch ein anderer durch Arbeit oder Dienstleistung herbeizuführender Erfolg sein.

§ 632
Vergütung
(1) Eine Vergütung gilt als stillschweigend vereinbart, wenn die Herstellung des Werkes den Umständen nach nur gegen eine Vergütung zu erwarten ist.

(2) Ist die Höhe der Vergütung nicht bestimmt, so ist bei dem Bestehen einer Taxe die taxmäßige Vergütung, in Ermangelung einer Taxe die übliche Vergütung als vereinbart anzusehen.

(3) Ein Kostenanschlag ist im Zweifel nicht zu vergüten.

§ 632a
Abschlagszahlungen
(1) Der Unternehmer kann von dem Besteller für eine vertragsgemäß erbrachte Leistung eine Abschlagszahlung in der Höhe verlangen, in der der Besteller durch die Leistung einen Wertzuwachs erlangt hat. Wegen unwesentlicher Mängel kann die Abschlagszahlung nicht verweigert werden. § 641 Abs. 3 gilt entsprechend. Die Leistungen sind durch eine Aufstellung nachzuweisen, die eine rasche und sichere Beurteilung der Leistungen ermöglichen muss. Die Sätze 1 bis 4 gelten auch für erforderliche Stoffe oder Bauteile, die angeliefert oder eigens angefertigt und bereitgestellt sind, wenn dem Besteller nach seiner Wahl Eigentum an den Stoffen oder Bauteilen übertragen oder entsprechende Sicherheit hierfür geleistet wird.

(2) Wenn der Vertrag die Errichtung oder den Umbau eines Hauses oder eines vergleichbaren Bauwerks zum Gegenstand hat und zugleich die Verpflichtung des Unternehmers enthält, dem Besteller das Eigentum an dem Grundstück zu übertragen oder ein Erbbaurecht zu bestellen oder zu übertragen, können Abschlagszahlungen nur verlangt werden, soweit sie gemäß einer Verordnung auf Grund von Artikel 244 des Einführungsgesetzes zum Bürgerlichen Gesetzbuche vereinbart sind.

(3) Ist der Besteller ein Verbraucher und hat der Vertrag die Errichtung oder den Umbau eines Hauses oder eines vergleichbaren Bauwerks zum Gegenstand, ist dem Besteller bei der ersten Abschlagszahlung eine Sicherheit für die rechtzeitige Herstellung des Werkes ohne wesentliche Mängel in Höhe von 5 vom Hundert des Vergütungsanspruchs zu leisten. Erhöht sich der Vergütungsanspruch infolge von Änderungen oder Ergänzungen des Vertrages um mehr als 10 vom Hundert, ist dem Besteller bei der nächsten Abschlagszahlung eine weitere Sicherheit in Höhe von 5 vom Hundert des zusätzlichen Vergütungsanspruchs zu leisten. Auf Verlangen des Unternehmers ist die Sicherheitsleistung durch Einbehalt dergestalt zu erbringen, dass der Besteller die Abschlagszahlungen bis zu dem Gesamtbetrag der geschuldeten Sicherheit zurückhält.

(4) Sicherheiten nach dieser Vorschrift können auch durch eine Garantie oder ein sonstiges Zahlungsversprechen eines im Geltungsbereich dieses Gesetzes zum Geschäftsbetrieb befugten Kreditinstituts oder Kreditversicherers geleistet werden.

§ 633
Sach- und Rechtsmangel
(1) Der Unternehmer hat dem Besteller das Werk frei von Sach- und Rechtsmängeln zu verschaffen.

(2) Das Werk ist frei von Sachmängeln, wenn es die vereinbarte Beschaffenheit hat. Soweit die Beschaffenheit nicht vereinbart ist, ist das Werk frei von Sachmängeln,
1. wenn es sich für die nach dem Vertrag vorausgesetzte, sonst
2. für die gewöhnliche Verwendung eignet und eine Beschaffenheit aufweist, die bei Werken der gleichen Art üblich ist und die der Besteller nach der Art des Werkes erwarten kann.
Einem Sachmangel steht es gleich, wenn der Unternehmer ein anderes als das bestellte Werk oder das Werk in zu geringer Menge herstellt.

(3) Das Werk ist frei von Rechtsmängeln, wenn Dritte in Bezug auf das Werk keine oder nur die im Vertrag übernommenen Rechte gegen den Besteller geltend machen können.

§ 634
Rechte des Bestellers bei Mängeln
Ist das Werk mangelhaft, kann der Besteller, wenn die Voraussetzungen der folgenden Vorschriften vorliegen und soweit nicht ein anderes bestimmt ist,
1. nach § 635 Nacherfüllung verlangen,
2. nach § 637 den Mangel selbst beseitigen und Ersatz der erforderlichen Aufwendungen verlangen,
3. nach den §§ 636, 323 und 326 Abs. 5 von dem Vertrag zurücktreten oder nach § 638 die Vergütung mindern und
4. nach den §§ 636, 280, 281, 283 und 311a Schadensersatz oder nach § 284 Ersatz vergeblicher Aufwendungen verlangen.

§ 634a
Verjährung der Mängelansprüche
(1) Die in § 634 Nr. 1, 2 und 4 bezeichneten Ansprüche verjähren
1. vorbehaltlich der Nummer 2 in zwei Jahren bei einem Werk, dessen Erfolg in der Herstellung, Wartung oder Veränderung einer Sache oder in der Erbringung von Planungs- oder Überwachungsleistungen hierfür besteht,
2. in fünf Jahren bei einem Bauwerk und einem Werk, dessen Erfolg in der Erbringung von Planungs- oder Überwachungsleistungen hierfür besteht, und
3. im Übrigen in der regelmäßigen Verjährungsfrist.

(2) Die Verjährung beginnt in den Fällen des Absatzes 1 Nr. 1 und 2 mit der Abnahme.

(3) Abweichend von Absatz 1 Nr. 1 und 2 und Absatz 2 verjähren die Ansprüche in der regelmäßigen Verjährungsfrist, wenn der Unternehmer den Mangel arglistig verschwiegen hat. Im Fall des Absatzes 1 Nr. 2 tritt die Verjährung jedoch nicht vor Ablauf der dort bestimmten Frist ein.

(4) Für das in § 634 bezeichnete Rücktrittsrecht gilt § 218. Der Besteller kann trotz einer Unwirksamkeit des Rücktritts nach § 218 Abs. 1 die Zahlung der Vergütung insoweit verweigern, als er auf Grund des Rücktritts dazu berechtigt sein würde. Macht er von diesem Recht Gebrauch, kann der Unternehmer vom Vertrag zurücktreten.

(5) Auf das in § 634 bezeichnete Minderungsrecht finden § 218 und Absatz 4 Satz 2 entsprechende Anwendung.

§ 635
Nacherfüllung
(1) Verlangt der Besteller Nacherfüllung, so kann der Unternehmer nach seiner Wahl den Mangel beseitigen oder ein neues Werk herstellen.

(2) Der Unternehmer hat die zum Zwecke der Nacherfüllung erforderlichen Aufwendungen, insbesondere Transport-, Wege-, Arbeits- und Materialkosten zu tragen.

(3) Der Unternehmer kann die Nacherfüllung unbeschadet des § 275 Abs. 2 und 3 verweigern, wenn sie nur mit unverhältnismäßigen Kosten möglich ist.

(4) Stellt der Unternehmer ein neues Werk her, so kann er vom Besteller Rückgewähr des mangelhaften Werkes nach Maßgabe der §§ 346 bis 348 verlangen.

§ 636
Besondere Bestimmungen für Rücktritt und Schadensersatz
Außer in den Fällen der § 281 Abs. 2 und 323 Abs. 2 bedarf es der Fristsetzung auch dann nicht, wenn der Unternehmer die Nacherfüllung gemäß § 635 Abs. 3 verweigert oder wenn die Nacherfüllung fehlgeschlagen oder dem Besteller unzumutbar ist.

§ 637
Selbstvornahme
(1) Der Besteller kann wegen eines Mangels des Werkes nach erfolglosem Ablauf einer von ihm zur Nacherfüllung bestimmten angemessenen Frist den Mangel selbst beseitigen und Ersatz der erforderlichen Aufwendungen verlangen, wenn nicht der Unternehmer die Nacherfüllung zu Recht verweigert.

(2) § 323 Abs. 2 findet entsprechende Anwendung. Der Bestimmung einer Frist bedarf es auch dann nicht, wenn die Nacherfüllung fehlgeschlagen oder dem Besteller unzumutbar ist.

(3) Der Besteller kann von dem Unternehmer für die zur Beseitigung des Mangels erforderlichen Aufwendungen Vorschuss verlangen.

§ 638
Minderung
(1) Statt zurückzutreten, kann der Besteller die Vergütung durch Erklärung gegenüber dem Unternehmer mindern. Der Ausschlussgrund des § 323 Abs. 5 Satz 2 findet keine Anwendung.

(2) Sind auf der Seite des Bestellers oder auf der Seite des Unternehmers mehrere beteiligt, so kann die Minderung nur von allen oder gegen alle erklärt werden.

(3) Bei der Minderung ist die Vergütung in dem Verhältnis herabzusetzen, in welchem zur Zeit des Vertragsschlusses der Wert des Werkes in mangelfreiem Zustand zu dem wirklichen Wert gestanden haben würde. Die Minderung ist, soweit erforderlich, durch Schätzung zu ermitteln.

(4) Hat der Besteller mehr als die geminderte Vergütung gezahlt, so ist der Mehrbetrag vom Unternehmer zu erstatten. § 346 Abs. 1 und § 347 Abs. 1 finden entsprechende Anwendung.

§ 639
Haftungsausschluss
Auf eine Vereinbarung, durch welche die Rechte des Bestellers wegen eines Mangels ausgeschlossen oder beschränkt werden, kann sich der Unternehmer nicht berufen, soweit er den Mangel arglistig verschwiegen oder eine Garantie für die Beschaffenheit des Werkes übernommen hat.

§ 640
Abnahme
(1) Der Besteller ist verpflichtet, das vertragsmäßig hergestellte Werk abzunehmen, sofern nicht nach der Beschaffenheit des Werkes die Abnahme ausgeschlossen ist. Wegen unwesentlicher Mängel kann die Abnahme nicht verweigert werden. Der Abnahme steht es gleich, wenn der Besteller das Werk nicht innerhalb einer ihm vom Unternehmer bestimmten angemessenen Frist abnimmt, obwohl er dazu verpflichtet ist.

(2) Nimmt der Besteller ein mangelhaftes Werk gemäß Absatz 1 Satz 1 ab, obschon er den Mangel kennt, so stehen ihm die in § 634 Nr. 1 bis 3 bezeichneten Rechte nur zu, wenn er sich seine Rechte wegen des Mangels bei der Abnahme vorbehält.

§ 641
Fälligkeit der Vergütung
(1) Die Vergütung ist bei der Abnahme des Werkes zu entrichten. Ist das Werk in Teilen abzunehmen und die Vergütung für die einzelnen Teile bestimmt, so ist die Vergütung für jeden Teil bei dessen Abnahme zu entrichten.

(2) Die Vergütung des Unternehmers für ein Werk, dessen Herstellung der Besteller einem Dritten versprochen hat, wird spätestens fällig,
1. soweit der Besteller von dem Dritten für das versprochene Werk wegen dessen Herstellung seine Vergütung oder Teile davon erhalten hat,
2. soweit das Werk des Bestellers von dem Dritten abgenommen worden ist oder als abgenommen gilt oder
3. wenn der Unternehmer dem Besteller erfolglos eine angemessene Frist zur Auskunft über die in den Nummern 1 und 2 bezeichneten Umstände bestimmt hat. Hat der Besteller dem Dritten wegen möglicher Mängel des Werks Sicherheit geleistet, gilt Satz 1 nur, wenn der Unternehmer dem Besteller entsprechende Sicherheit leistet.

(3) Kann der Besteller die Beseitigung eines Mangels verlangen, so kann er nach der Fälligkeit die Zahlung eines angemessenen Teils der Vergütung verweigern; angemessen ist in der Regel das Doppelte der für die Beseitigung des Mangels erforderlichen Kosten.

(4) Eine in Geld festgesetzte Vergütung hat der Besteller von der Abnahme des Werkes an zu verzinsen, sofern nicht die Vergütung gestundet ist.

§ 641a
(weggefallen)

§ 642
Mitwirkung des Bestellers
(1) Ist bei der Herstellung des Werkes eine Handlung des Bestellers erforderlich, so kann der Unternehmer, wenn der Besteller durch das Unterlassen der Handlung in Verzug der Annahme kommt, eine angemessene Entschädigung verlangen.

(2) Die Höhe der Entschädigung bestimmt sich einerseits nach der Dauer des Verzugs und der Höhe der vereinbarten Vergütung, andererseits nach demjenigen, was der Unternehmer infolge des Verzugs an Aufwendungen erspart oder durch anderweitige Verwendung seiner Arbeitskraft erwerben kann.

§ 643
Kündigung bei unterlassener Mitwirkung
Der Unternehmer ist im Falle des § 642 berechtigt, dem Besteller zur Nachholung der Handlung eine angemessene Frist mit der Erklärung zu bestimmen, dass er den Vertrag kündige, wenn die Handlung nicht bis zum Ablauf der Frist vorgenommen werde. Der Vertrag gilt als aufgehoben, wenn nicht die Nachholung bis zum Ablauf der Frist erfolgt.

§ 644
Gefahrtragung
(1) Der Unternehmer trägt die Gefahr bis zur Abnahme des Werkes. Kommt der Besteller in Verzug der Annahme, so geht die Gefahr auf ihn über. Für den zufälligen Untergang und eine zufällige Verschlechterung des von dem Besteller gelieferten Stoffes ist der Unternehmer nicht verantwortlich.

(2) Versendet der Unternehmer das Werk auf Verlangen des Bestellers nach einem anderen Ort als dem Erfüllungsort, so finden die für den Kauf geltenden Vorschriften des § 447 entsprechende Anwendung.

§ 645
Verantwortlichkeit des Bestellers
(1) Ist das Werk vor der Abnahme infolge eines Mangels des von dem Besteller gelieferten Stoffes oder infolge einer von dem Besteller für die Ausführung erteilten Anweisung untergegangen, verschlechtert oder unausführbar geworden, ohne dass ein Umstand mitgewirkt hat, den der Unternehmer zu vertreten hat, so kann der Unternehmer einen der geleisteten Arbeit entsprechenden Teil der Vergütung und Ersatz der in der Vergütung nicht inbegriffenen Auslagen verlangen. Das Gleiche gilt, wenn der Vertrag in Gemäßheit des § 643 aufgehoben wird.

(2) Eine weitergehende Haftung des Bestellers wegen Verschuldens bleibt unberührt.

§ 646
Vollendung statt Abnahme
Ist nach der Beschaffenheit des Werkes die Abnahme ausgeschlossen, so tritt in den Fällen des § 634a Abs. 2 und der §§ 641, 644 und 645 an die Stelle der Abnahme die Vollendung des Werkes.

§ 647
Unternehmerpfandrecht
Der Unternehmer hat für seine Forderungen aus dem Vertrag ein Pfandrecht an den von ihm hergestellten oder ausgebesserten beweglichen Sachen des Bestellers, wenn sie bei der Herstellung oder zum Zwecke der Ausbesserung in seinen Besitz gelangt sind.

§ 648
Sicherungshypothek des Bauunternehmers
(1) Der Unternehmer eines Bauwerks oder eines einzelnen Teiles eines Bauwerks kann für seine Forderungen aus dem Vertrag die Einräumung einer Sicherungshypothek an dem Baugrundstück des Bestellers verlangen. Ist das Werk noch nicht vollendet, so kann er die Einräumung der Sicherungshypothek für einen der geleisteten Arbeit entsprechenden Teil der Vergütung und für die in der Vergütung nicht inbegriffenen Auslagen verlangen.

(2) Der Inhaber einer Schiffswerft kann für seine Forderungen aus dem Bau oder der Ausbesserung eines Schiffes die Einräumung einer Schiffshypothek an dem Schiffsbauwerk oder dem Schiff des Bestellers verlangen; Absatz 1 Satz 2 gilt sinngemäß. § 647 findet keine Anwendung.

§ 648a
Bauhandwerkersicherung

(1) Der Unternehmer eines Bauwerks, einer Außenanlage oder eines Teils davon kann vom Besteller Sicherheit für die auch in Zusatzaufträgen vereinbarte und noch nicht gezahlte Vergütung einschließlich dazugehöriger Nebenforderungen, die mit 10 vom Hundert des zu sichernden Vergütungsanspruchs anzusetzen sind, verlangen. Satz 1 gilt in demselben Umfang auch für Ansprüche, die an die Stelle der Vergütung treten. Der Anspruch des Unternehmers auf Sicherheit wird nicht dadurch ausgeschlossen, dass der Besteller Erfüllung verlangen kann oder das Werk abgenommen hat. Ansprüche, mit denen der Besteller gegen den Anspruch des Unternehmers auf Vergütung aufrechnen kann, bleiben bei der Berechnung der Vergütung unberücksichtigt, es sei denn, sie sind unstreitig oder rechtskräftig festgestellt. Die Sicherheit ist auch dann als ausreichend anzusehen, wenn sich der Sicherungsgeber das Recht vorbehält, sein Versprechen im Falle einer wesentlichen Verschlechterung der Vermögensverhältnisse des Bestellers mit Wirkung für Vergütungsansprüche aus Bauleistungen zu widerrufen, die der Unternehmer bei Zugang der Widerrufserklärung noch nicht erbracht hat.

(2) Die Sicherheit kann auch durch eine Garantie oder ein sonstiges Zahlungsversprechen eines im Geltungsbereich dieses Gesetzes zum Geschäftsbetrieb befugten Kreditinstituts oder Kreditversicherers geleistet werden. Das Kreditinstitut oder der Kreditversicherer darf Zahlungen an den Unternehmer nur leisten, soweit der Besteller den Vergütungsanspruch des Unternehmers anerkennt oder durch vorläufig vollstreckbares Urteil zur Zahlung der Vergütung verurteilt worden ist und die Voraussetzungen vorliegen, unter denen die Zwangsvollstreckung begonnen werden darf.

(3) Der Unternehmer hat dem Besteller die üblichen Kosten der Sicherheitsleistung bis zu einem Höchstsatz von 2 vom Hundert für das Jahr zu erstatten. Dies gilt nicht, soweit eine Sicherheit wegen Einwendungen des Bestellers gegen den Vergütungsanspruch des Unternehmers aufrechterhalten werden muss und die Einwendungen sich als unbegründet erweisen.

(4) Soweit der Unternehmer für seinen Vergütungsanspruch eine Sicherheit nach den Absätzen 1 oder 2 erlangt hat, ist der Anspruch auf Einräumung einer Sicherungshypothek nach § 648 Abs. 1 ausgeschlossen.

(5) Hat der Unternehmer dem Besteller erfolglos eine angemessene Frist zur Leistung der Sicherheit nach Absatz 1 bestimmt, so kann der Unternehmer die Leistung verweigern oder den Vertrag kündigen. Kündigt er den Vertrag, ist der Unternehmer berechtigt, die vereinbarte Vergütung zu verlangen; er muss sich jedoch dasjenige anrechnen lassen, was er infolge der Aufhebung des Vertrages an Aufwendungen erspart oder durch anderweitige Verwendung seiner Arbeitskraft erwirbt oder böswillig zu erwerben unterlässt. Es wird vermutet, dass danach dem Unternehmer 5 vom Hundert der auf den noch nicht erbrachten Teil der Werkleistung entfallenden vereinbarten Vergütung zustehen.

(6) Die Vorschriften der Absätze 1 bis 5 finden keine Anwendung, wenn der Besteller
1. eine juristische Person des öffentlichen Rechts oder ein öffentlich-rechtliches Sondervermögen ist, über deren Vermögen ein Insolvenzverfahren unzulässig ist, oder
2. eine natürliche Person ist und die Bauarbeiten zur Herstellung oder Instandsetzung eines Einfamilienhauses mit oder ohne Einliegerwohnung ausführen lässt. Satz 1 Nr. 2 gilt nicht bei Betreuung des Bauvorhabens durch einen zur Verfügung über die Finanzierungsmittel des Bestellers ermächtigten Baubetreuer.

(7) Eine von den Vorschriften der Absätze 1 bis 5 abweichende Vereinbarung ist unwirksam.

§ 649
Kündigungsrecht des Bestellers
Der Besteller kann bis zur Vollendung des Werkes jederzeit den Vertrag kündigen. Kündigt der Besteller, so ist der Unternehmer berechtigt, die vereinbarte Vergütung zu verlangen; er muss sich jedoch dasjenige anrechnen lassen, was er infolge der Aufhebung des Vertrags an Aufwendungen erspart oder durch anderweitige Verwendung seiner Arbeitskraft erwirbt oder zu erwerben böswillig unterlässt. Es wird vermutet, dass danach dem Unternehmer 5 vom Hundert der auf den noch nicht erbrachten Teil der Werkleistung entfallenden vereinbarten Vergütung zustehen.

§ 650
Kostenanschlag
(1) Ist dem Vertrag ein Kostenanschlag zugrunde gelegt worden, ohne dass der Unternehmer die Gewähr für die Richtigkeit des Anschlags übernommen hat, und ergibt sich, dass das Werk nicht ohne eine wesentliche Überschreitung des Anschlags ausführbar ist, so steht dem Unternehmer, wenn der Besteller den Vertrag aus diesem Grund kündigt, nur der im § 645 Abs. 1 bestimmte Anspruch zu.

(2) Ist eine solche Überschreitung des Anschlags zu erwarten, so hat der Unternehmer dem Besteller unverzüglich Anzeige zu machen.

§ 651
Anwendung des Kaufrechts
Auf einen Vertrag, der die Lieferung herzustellender oder zu erzeugender beweglicher Sachen zum Gegenstand hat, finden die Vorschriften über den Kauf Anwendung. § 442 Abs. 1 Satz 1 findet bei diesen Verträgen auch Anwendung, wenn der Mangel auf den vom Besteller gelieferten Stoff zurückzuführen ist. Soweit es sich bei den herzustellenden oder zu erzeugenden beweglichen Sachen um nicht vertretbare Sachen handelt, sind auch die §§ 642, 643, 645, 649 und 650 mit der Maßgabe anzuwenden, dass an die Stelle der Abnahme der nach den §§ 446 und 447 maßgebliche Zeitpunkt tritt.

*)
Amtlicher Hinweis:
Diese Vorschrift dient der Umsetzung der Richtlinie 1999/44/EG des Europäischen Parlaments und des Rates vom 25. Mai 1999 zu bestimmten Aspekten des Verbrauchsgüterkaufs und der Garantien für Verbrauchsgüter (ABl. EG Nr. L 171 S. 12).

Impressum

Herausgeber
Verbraucherzentrale Nordrhein-Westfalen e. V.
Mintropstraße 27, 40215 Düsseldorf
Telefon 02 11/38 09-555, Fax 02 11/38 09-235
ratgeber@verbraucherzentrale.nrw

Autor
Dipl.-Ing. Peter Burk
Institut Bauen und Wohnen, Freiburg
www.institut-bauen-und-wohnen.de

Lektorat
Frank Wolsiffer, Wibke Westerfeld

Grafiken
Peter Burk

Layout und Produktion
Petra Soeltzer Kommunikationsdesign, Düsseldorf
www.petrasoeltzer.de

1. Auflage, Januar 2019

ISBN 978-3-86336-104-4